サイエンス超簡潔講座

遺伝

ジョン・ウォラー＝著
廣野喜幸＝監訳　亀濱 香＝訳

NEWTON PRESS

Heredity: A Very Short Introduction was originally published in English in 2017. This translation is published by arrangement with Oxford University Press. NEWTON PRESS is solely responsible for this translation from the original work and Oxford University Press shall have no liability for any errors, omissions or inaccuracies or ambiguities in such translation or for any losses caused by reliance thereon.

エスターとチャーリーへ

目次

柔らかい遺伝・硬い遺伝
硬い遺伝、前面に
遺伝・貧困・優生学
性・ジェンダー・生物学
科学的人種差別
人種・奴隷制・植民地化

第6章 分子と人間

メンデル説の勝利
立ち遅れたダーウィンとメンデルの融合
遺伝学への出資
遺伝子決定論者の発想法
遺伝子決定論を問う
戦争・恐怖・ホロコースト
遺伝子の発見
遺伝子の働きの発見
分子・医学・心
公民権と脱植民地化の時代

序章

親のもつ特徴はどのように子供に受け継がれるのだろうか。本書は、その認識の歴史を紹介する。とはいえ、科学的な発見だけを取り扱う、よくある学問書とは一線を画する。遺伝について、誰かがなにがしかの正しい事実に辿り着いた瞬間瞬間を見て回るような本ならば、西暦一八〇〇年より前の何千年は数ページで済んでしまう。そして、あとの数百ページはここ二百年のことになるだろう。本当に近年になるまで、遺伝というテーマについて述べられてきたほぼすべてのことが誤りだったのだから……。遺伝における伝達を引き起こす生物学的機構は、めまいがするほど複雑で、莫大な予算をかけた現代のハイテク科学でなければ事実を導き出せなかった。

遺伝について人間があれやこれや考えてきたこと自体が、何千年に及ぶ人類史、人間の体験の重要な一側面なのである。成功例だけを語るのは、この事実を無視することになるだろう。さらに、身体の遺伝、心の遺伝についての認識が実にしばしば誤っていたことは、重大な歴史的意義をもつ。男女に生まれつきの違いがあるか否か、富者と貧者に生得的な差があるかどうか、民族グループは先天的に異なっているのかそうではないのか。遺伝についての議論の大半は、生まれつき違うという論者とそうでないとする人々の間の争論で占められてきた。よって、本書では、次の三つの主要な糸――これらの糸は頻繁に絡まり合っているのだが――を手繰っていくことにしたい。一つ目の糸は、性質が受け継がれる機構を解明する努力。二つ目は、遺伝の考え方を人の心の特質に応用しようとした学者達の試み。三つ目は、社会的・性的・人種的不平等を支持または非難する材料として遺伝という考えを引き合いに出すもっと一般的な動機である。

　本書は、遺伝という考え方について、網羅的に研究しようなどとは企てていない。そうするにはトピックが多すぎて、本書のような小著にはとうてい収まりきらない。また、本書では、西ヨーロッパとアメリカに大きく焦点を合わせた。というのも、遺伝の科学的研究における大発見があったのは、ほとんどがこれらの地域だからである。この事実は私の態度を正当化してくれるだろう。とはいえ、遺伝の本質についてはさまざまな文化でいろいろな考察がなされていたことを鑑みると「人類の全体験史を視野に収めるという先の方針とは齟齬があり」、さほど正当性を誇れない。つけ加えておけば、遺伝上の差異に関する信念をイデオロギーとして使用したのは、ヨーロッパ人や彼らの末裔であるアメリカ人だけではない。もっとページ数があれば、違いを先天的なものとみなす、紛い物の主張に基づくステレオタイプ化は、多様なヒト社会の共通特徴でもあることを紹介できただろう。つまり、私達は残念ながら他人を犠牲にしても自分の都合がよいように世界を見る傾向がある。しかし、遺伝について考えてきた歴史は、私達が人間という種をあまりにうすぼんやりとしか理解していないといった事態に陥らないように、自然界の息をのむほどの複雑な謎を解きほぐしてきた私達のすばらしい能力をもまた際立たせてくれているのである。

本文中〔 〕内の説明書きは、監訳者によって補われた原書にはない文章です。

1

魂・種・男尊女卑

紀元前二五〇〇〜西暦四〇〇年

始まり

現生人類（*Homo sapiens*）は、およそ二〇万年前にアフリカで誕生した。この新しいヒト科の動物が、子は親に似ていることを認識していたのは、ほぼ間違いない。我々の祖先は十分賢かったので、ヒトという種の身体や行動の特徴が親から子に伝えられることくらい、明らかにわかっていただろう。また、狩猟採集民だった我々の祖先は、ある特定の家系に何世代にもわたって独特の特色・形質が受け継がれることにも気づいていたはずだ。狩猟採集民は比較的よい食事をしていて、深刻な病気も少なかった。そのため、背が高い、背が低い、わし鼻、突き出た顎、高い頬骨といった形質をもつ人が、ある家系内で繰り返し現れることに気づくくらいには長命であった。とはいえ、性なるものの本性や遺伝の性質について考え巡らせた最古の文書記録は、およそ五〇〇〇年前、青銅器時代のメソポタミアまで待たなければならない。本章では、文字が使われるようになった頃から古代ローマ・ギリシャ時代後期までのあいだに、新たな命の形成について哲学者や治療者達がどう理解していたか、男女の性差や古代のさまざまな社会集団・民族集団間の違い――現実のものであれ空想のものであれ――を説明するために、遺伝という概念をどう当てはめようとしたかを見ていく。

子を授かるという奇跡

古代の人々が遺伝をどう捉えていたかに関する記録は、身の回りで何が起きているかの解釈を書き留める知力をもった知識人がいなければ存在しない。それにはまず、狩猟採集の生活をやめて、定住社会を始める人々がいなくてはならなかった。人々が、中東の肥沃な三日月地帯の沖積平野に暮らし、小麦を育ててヤギを飼い始めたのは、紀元前一〇〇世紀後である。中央および南アメリカ、西アフリカ、そして中国東部で起きた文明社会でも、人々はそれぞれ農業を始めた。

初期の農耕社会は、穀物・果物・食肉の余剰を生み、農民は日々の重労働から解放されて、街や都市へ出向く余裕ができた。そこには商人・職人・王族やエリート軍人・僧侶・哲学者・詩人・治療家などさまざまな人々がいた。農耕民も取引・戦争・植民地化に関与するようになり、遠方の人々とのコミュニケーションや商取引、契約のために記録が必要となった。結局はこれが書くことの始まりとなった。紀元前四〇世紀の終わりまでには、肥沃な三日月地帯で、意味をもつ抽象記号が使用されており、これにより自然界の理論を記録・伝達できるようになった。

メソポタミアの青銅器時代から西暦五世紀末に西ローマ帝国が滅亡する頃までに書き残

されたものを見ると、多くの人が何らかの形で神の介入によって新しい命がつくられると信じていたのがわかる。超自然的信念体系は、時に規則性の見出せない体験やまったく説明のつかない現象を説明するのに役立った。生殖の性質について触れている最も古い例は、湿った土にくさび形の記号を刻むという方法で書き残すことを始めた南メソポタミアのシュメール人の記録である。紀元前二四五〇年頃に粘土板に残された「くさび形文字」には、神々の種《たね》により王が生まれたと書かれたものもあった。それからおよそ二〇〇〇年後、旧約聖書を編さんした無名の人物も同様に、新しい命の出現を、神の奇跡による出来事として見ている。たとえば、紀元前七世紀後のあるときに書かれたとされる清廉なヨブの話には、神が「形をなさない物質」を「皮と肉」で覆って「骨と筋（腱）」を編んでヨブをつくったとある。

　超自然的な考え方はギリシャ・ローマ時代に広く支持された。紀元前四世紀、アテネの哲学者プラトンは、脳や髄中の特別物質に不死の魂が結びつき、子孫がつくられると論じた。紀元前三世紀初めのアテネに生じた哲学派であるストア派は、仮説として、ある神的な原理を想定し、それによって物質に生命が吹き込まれ、また、生物・無生物に構造が生じるのだとした。また、ローマ人も天に目を向けていた。そこでは、裕福な新婚夫婦は、特別に用意されたベッドで性交をすることを期待された。そうすると、非物質的な生命力が夫の種の中に降りてくるとされたからである。ローマ時代のキリスト教の著述家たちは、性的な儀式について赤裸々に書くのは避けたが、やはり彼らの神の創造する力を祝福した。四三〇年に逝去した北アフリカの司教ヒッポのアウグスティヌスが、赤ん坊を授かって産むまでの過程を肉体的にみだらであると考え、「私達は皆、排泄物と尿の間に生まれた」とまで言ったことはよく知られている。しかし、彼は、すべての子供は「まったくもって、至高の神によってつくられる」として、少なくとも、生殖という営みの名誉回復くらいはしてもいたのである。

種・体液・空気

紀元前四〇〇年代までに、地中海とエーゲ海沿岸の都市国家に住む哲学者や医師の小さな集団は、生殖に神や魂が関係しているとした説を一切退けた記述を残した。紀元前五世紀の終わりから四世紀の前半には、ギリシャのコス島で活躍したヒポクラテス派の医師らが「パンゲネシス」の考え方を支持した。両方の親から来る物質が一体となり子孫をつくる理論である。

ヒポクラテス派の学者達は、セックスのような活動は血管と体液をかき混ぜて、新しい体をつくるのに必要なすべての身体的要素を含んだ濃厚な泡状の液体をつくると言った。性交をすると、「精液」が子宮内で混ざり、徐々に新しい人間の形になっていく。親の種から実際どのように胎児が発達するかまでは、彼らにもはっきりわかっていなかったのは無理もない。しかし、神の直接の関与などないことは確信していた。

パンゲネシスは遺伝を語るうえで、堅固な概念的基礎をつくった。ヒポクラテス派の学者達は、両親の体内にある「すべての部分」がつくった「種」によって子供がつくられるため、両親に似ると主張した。また、両方の親の種が競い合うため、子は母親と父親の混ぜ合わさった形質をもっているとした。よって、もし片方の親が少量の弱い種しか出さなかったとしたら、もう片方の親の性質が非常に大きく子に表れる。ヒポクラテス派の学者達は、両親のもつ生まれつきの傾向や病気も子に伝わるとした。この考えは、健康状態は体内にある血液・粘液・胆汁・黒胆汁の四つの体液の割合によって決まり、これらの体液の過不足によりさまざまな病気になるという彼らの代名詞ともいえる学説に沿っている。子供の種は多少なりともこれらの体液からつくられるとすると、生まれた子供は親のもつ体液のアンバランスさの傾向を受け継ぐだろうと考えられた。

また、パンゲネシスは、遺伝について私達とはだいぶ異なった考え方を含んでいる。ヒポクラテス派の学者達は、遺伝の情報をもった物質が性器内で外からの力にしっかりと守られているとは知るすべもなかった。その代わりに彼らは、種が両親の体や体液からできているとみなした。それゆえ、母親と父親の特徴をもったその種が子に運ばれると考えるのは理にかなっていた。ヒポクラテス派の有名な文書の一つは、細長い頭蓋骨をもった赤ちゃんが産まれるという大頭族なる民族について書き残している。長い額が美しいと考えた大頭族は、何世代にもわたって子供の頭部を縛ってきた。細長い頭蓋骨はその結果なのだと著者は説明している。この慣習がだいぶ前に途絶えていたとしても、彼らの子孫が今なおそうした形質をもっているのは、遺伝的遺産なのだという。獲得された形質が遺伝することは、ギリシャやローマの学者達にとっては自明だった。一世紀には、博物学者であり、海陸軍の指揮官であったガイウス・プリニウス・セクンドゥスが、両親から子へ受け継がれたことが明白な「顔の特徴・ほくろ・シミ・傷」の例の非常に長いリストを作成した。

パンゲネシスは、古代史において広く支持されていた通説であるが、無視できない弱点もあった。たとえば、精液が両親の体からできているとすれば、なぜ赤ちゃんには髭・胸・陰毛といった二次性徴がないのだろうか。論理学・修辞学・政治学・宇宙論・博物学などの分野に著書を残した驚異的な博学者であるアリストテレスは、こういう疑問があることからパンゲネシスは間違っていると確信した。紀元前三五〇年に書かれた『動物発生論』のなかで、アリストテレスは、種を提供するのは男性なのであって、女性は素材を提供するにすぎないとする、古くから唱えられてきた考えを基に、非常に独創的な代替案を構築した。アリストテレスは、もう一つの古い概念である内在熱を利用して仮説を立てた。生きている人間の体は温かく、死体は冷たいことをふまえると、ある種の熱それ自体が生命を生命たらしめる原理であると考えるのは理にかなっている。古代の哲学者達はすでに、女性は体温が低いため、男性に比べて生まれつき弱くて理性がないという誤った推測をしていた。言い換えれば、男性に比べて女性は内在熱の供給量が少ないので、肉体も精神も低レベルの活動量しか維持できないと考えていた。この考えは、すぐに生殖に当てはめられた。アリストテレスによれば、性別を問わず、過剰に摂取した飲食物は混ぜ合わされ血液になっていくのだが、その一部はさらにもう一段階変化の過程をたどる。これは、体温の低い女性の体では、経血と母乳となっていく。内在熱量が大きいがゆえに、男性の血液の余剰分は、最も高い純度に精製され、温かい泡状の液体、すなわち精液になる。しかしアリストテレスは温かい男性の精液と、生ぬるい経血がともに生殖において命を生み出す直接の作用素であるとは考えなかった。その温かさこそが、男性の精液を、真の本質である生殖原理といえる「プネウマ」を運搬する媒体として理想的なものにするのである。「プネウマ」についてアリストテレスは「星々の元素の類似物」だと曖昧にしか規定していない。アリストテレスは、ホットミルクの泡のようなプネウマが、精液とともに運ばれ、子宮内で経血の凝固した塊と出合うと説明した。そして、大工が手を動かし、あるいは道具を使って、木や石などから家をつくりあげるように、プネウマの一連の動きによって、女性が提供する素材から、ある形を有する生命体がつくられるというのである。さらにアリストテレスはこうつづける。胚の成長を開始させる男性のプネウマに含まれる動きに続いて、潜在的な運動が起こり、厳格な順序で、新たな器官・組織・構造ができあがっていく。この運動は、子供が誕生するまで止まることはない。アリストテレスは、一生を通じてプネウマは体内で働きつづける、だからこそ体は徐々に変化するのだとも論じている。

　アリストテレスは、男性と女性それぞれにまったく異なる役割をあてがうモデルの簡明さを好んではいたが、母親に似ている子供の存在は否定できなかったらしく、女性の経血の塊には弱いプネウマが含まれると認めた。また、アリストテレスは、親のもつ獲得形質の遺伝も認めていた。彼は、ボスポラス海峡の入り口近くの町出身のある男について語っている。その男には独特な焼き印があったが、息子もまったく同じ場所にあざがあり、これは父の特徴を受け継いだためだというのだ。

　セックスについてのギリシャの学者達の理論を使って、複数の著者が、一般市民の遺伝の質を高める意見を含む、優秀な子孫を残す優生学的計画を提案した。およそ紀元前三八〇年にプラトンが『国家』の中で、有能な指導者をもち続けるためには、「最良の男」と「できるだけ多くの場合で最良の女」が確実に生殖を行えば、「最悪」の質をもった子孫が育つことは決してないと述べたのはよく知られている。アリストテレスも、どの市民が「結婚をする資格があるか」権限を与えるのは立法者の責務であるべきだと書いている。また、肉体に欠陥のある子供が生まれた場合は、速やかに殺すべきであるとしている。

偉大なる統合者クラウディウス・ガレノス

二世紀は、その時代の最も独創的な著作を数多く残した人物、すなわちガレノスによって、古くからの考えと新たな観察の統合がなされた時代だった。一二九年に古代ギリシャのペルガモンで生まれたガレノスは、アジアの高僧に仕える剣闘士の競技場の外科医として働き、のちにマルクス・アウレリウス皇帝とセプティミウス・セウェルス皇帝専属の医師になった。ガレノスの理論は、ヒポクラテスの四体液説モデルを、しっかりとした説明力のある枠組みにまで発展させ、一五〇〇年以上も学問的医学を席捲した。

ガレノスは、どのように新たな命が生じるかについてヒポクラテスとアリストテレスの考えを結び合わせて、「二つの種」モデルを採用した。ガレノスは、両親ともに子供がつくられる物質を供給していると述べる。ヒポクラテス学派は形のない両親の精液がどのように合わさるかについては決して説明を与えなかった事実をガレノスは無視できず、アリストテレス説を参照し、種にはスペルマという力があり、胎児の成長を段階ごとにコントロールしていると説明した。また、女性のスペルマは男性と比べると弱いが、より温度の高い男性の精液に妨げられることなく役割を果たしているとつけ加えた。

またガレノスは、どのように精神的な特質が受け継がれるのかについても、生理学的理論を披瀝している。精神面の遺伝に新たな別の仕組みはなく、身体的な形質と同様に受け継がれる。紀元前五世紀に劇作家のエウリピデスが述べたとおり、「よい男は悪い父親からは生まれない」、そして「悪い男はいつも悪から生じる」とされた。しかしガレノスは性格がどのように両親から子に受け継がれるかについてさらに詳細なモデルを提示した。四つの基本的性格・気質の生物学的基盤は、ヒポクラテスの四体液にあると彼は教える。のんきな楽天家は多くの血液が体内を駆け巡っており、短気な人は胆汁が多く、黒胆汁が過度だと憂鬱に苦しみ、そして粘液の多い人は冷静である。また種がつくられるときは、両親の体液のそうした性質を受け継ぐと補足した。そして、子供の性格は最も強い種を供給した親に似る。

セックス（生物学的性）・ジェンダー（文化的性）・生物学

生殖において女性は脇役であるという考えは、アリストテレスが述べたのち、長く定説となった。紀元前二〇〇〇年頃に残されたシュメール人とバビロニア人の性的な詩には、女性が「農民よ、（私の）畑を耕して！」と誘い、男性が「俺に畑を耕させろ」とあからさまに口説くフレーズがある。このフレーズからも女性は男性が撒く種を発育させる培地にすぎないと考えられていることがわかる。紀元前五世紀にギリシャの悲劇作家アイスキュロスは要点をさらに明白に捉えていた。アイスキュロスは、母親は「自分に撒かれた種を育てる」だけであり、そういう意味で母親は「自分と無関係な芽を守る他人」であると書いている。

アリストテレスは、男性よりも女性の体温が低いという観念を、一般人が結婚して子供をつくる際のノウハウにも適用した。アリストテレスは、人は体温が高いときに最もよい質の種をつくると言った。おおよそ女性は「十八歳くらいで結婚し」、男性は「三十七歳くらいまでに」花嫁を見つけるのが理想的と解釈できる。また、適切な年齢で結婚すれば男児ができる可能性を最大化することが見込まれる。男性は「生まれつき優れていて、女性は劣る」と考えていたアリストテレスにとって、重要な考察である。アリストテレスは、

「人生の最良の時期に子をつくった人達よりも、若い人々や高齢に近い人々から多く女児がつくられている」と述べた。それは、「若い人は生命の熱がまだ完璧に整っておらず、高齢の人は熱が衰えている」からだとした。また、ペニスの長い男性は、太く短いペニスの男性に比べて精液が子宮に届くまでの時間がかかり、少し温度が低くなるため女児ができる傾向にあるとした。

　生殖における女性の役割を軽視する傾向は、古代社会の農業的な世界観および女性の従属的地位といった観点から説明が可能だろう。繁殖を考えたとき、土で育てた農作物を生活の糧にしている人々は、必然的に自分たちの小麦畑やオリーブ林のことを考える。植物が種をつくるにあたっても、雄性器と雌性器が用意されていて、それぞれが役割を果たさなければならないことが理解されたのは、やっと十八世紀になってからのことにすぎない。よって、古代の人々が、種を提供するのは片方の親で、もう片方は肥沃な土壌を供給しているにすぎないと思うのも無理はない。当然ながら、女性に対するイデオロギー的蔑視はまた、社会的・経済的・政治的に、女性が男性に従属する父権的社会構造の反映でもあった。（アリストテレスが付加価値を与えた小さいペニスさえも文化的に広く流布した。劇作家アリストパネスの芝居は、ギリシャの芸術や演劇において、大きい性器はからかいの対象であり、「小さいイチモツ」は愛を表す用語であったことをほのめかしている。）

次世代に対する女性の貢献が男性のそれと同じであることは、最も雄弁な経験的発見によっても、実証されることはなかった。紀元前四世紀終わり頃のアレキサンドリアで、ギリシャの解剖学者ヘロフィロスが、男性の精巣と同じような構造を女性の腹部に発見したと公表した。我々はヘロフィロスが卵巣を発見したとわかるが、当時、そのような観察をほかの方法で説明するのはいとも容易であった。たとえば、生殖における母親の役割をできるかぎり小さく見積もりたいアリストテレス派の学者達は、卵巣は退化した精巣であって、男性の乳首同様、価値なき器官だとみなし、ヘロフィロスの発見をはねのけたのである。

想像と類似

古代の学者達は、私達の想定とはまったく異なるメカニズムの存在に合意する傾向にあった。性交時、どちらかの親の心に焼きつけられた印象が、妊娠中に、母親によって胎芽に刻印されるメカニズムがあって、それによって子供はその形を獲得するというのである。旧約聖書の創世記の中で、ヤコブ*は、交尾中の羊にぶちやまだら模様の木の皮を見させて、ぶちやまだら模様の子羊を生ませている。アリストテレスは、奇形のキプロスの王が性交時に自分の種が運ぶ醜さをぬぐい去るため、妻に美しい像を見ているように命じたという古い話を引き合いに出し、この考え方を彼の学説に組み入れたし、ガレノスもアリストテレスに追従した。

想像の力を信じる考えは、ギリシャの恋愛物語エチオピカが人気を博していた三～四世紀にも広く支持されていた。物語では、エチオピアの女王が夫のような黒い肌ではなく、白い肌をした娘を産む。不貞を咎められるのを恐れた女王は生まれたばかりの娘をはるか遠くのエジプトへ送る。そして「真実」はドラマチックな結末で明らかになる。女王は妊娠中に寝室で色の白いアンドロメダの肖像画を見ていたために、肌の白い娘が生まれたのだ。両親と娘が和解し、心温まるハッピーエンドとなる。

野蛮人と平民

ギリシャ・ローマ時代では、女性の服従的地位を合法化するために、遺伝による違いという概念が用いられたが、まったく同様に、社会的および民族的な階級を合理的に説明づけ、

＊　ぶちやまだらの羊を所有してよいとする契約を義父ラバンと交わしていた。

または正当化するためにも、遺伝的相違概念がよく使われた。古代の上流階級の人々は、自分たちは本質的に優れた人種に属していると都合よく考えていた。アテネの貴族達は自らを「よい父親をもつ男」を意味する「エウパトリデス」と呼んだ。ローマの上層の元老院クラスの貴族達は、自分の血管には勇敢な先人の血が流れているのを忘れないように、気高い先祖の蝋の頭像をつくらせた（図1）。上流階級の人々は、有能な平民が勝ち上がり、社会的地位を脅かされる危機を感じると決まって、自分達のもつ種は特別であると主張した。それに応じて、紀元前六世紀に詩人テオグニスはかつて「ボロボロのヤギの皮を着ていた」者が「新たな質」に生まれ変わったと怒りを露わにした。そして、成り上がり者に対して「底辺にいる男を教育だけで気高い人にはできない」と言って、世襲貴族として反撃した。紀元前五世紀に、アテネで民主主義が導入されると、追いやられた貴族達は同様に激しい怒りを爆発させ、民衆など、生まれながらに非合理的な存在なのだと誹謗し始めた。

古代ギリシャ・ローマ人は、お金を儲けておく必要性、帝国の統制をはかる必要性に応じて、「野蛮人」と呼ばれたよそ者の本性に関する判断をしばしば変更した。ローマ人と他民族の違いは、せいぜい文化の差にすぎないと喜んで認める必要性を、帝国の規則が要請することはしばしばあった。土豪を友好的に取り込み、勝利をもたらすような権力なしで生き残った古代帝国はほとんどないからである。特にローマは、帝国主義という企てに積

図1　トガトゥス・バルベリーニとして知られる、1世紀頃につくられたローマの大理石像。全身像は、亡くなった先祖の頭像をもつ貴人である。

極的に参加してくれる、身分の高い昨日までの野蛮人を当てにしていた。これとは対照的に、野蛮人を征服したり奴隷にしたりするときには、古代ギリシャ・ローマ人は本質的に彼らを自分達より、生まれつき劣った者とみなした。野蛮人の奴隷は、話したり、呼吸したりという、本来そぐわない賜物を備えた労力節約装置、「生きた道具」なのだとアリストテレスは述べた。野蛮人による攻撃の脅威がより強まるにつれ、こうした人種差別的な感覚は強まっていった。三七八年にゴール人がローマ軍を破ったのち、詩人のアウレリウス・プルデンティウス・クレメンスはすぐに、「ローマ人と野蛮人は、人間と動物くらい違う」と残忍な表現をした(図2)。

　ギリシャ・ローマ帝国の学者達は「地体液説」を展開したが、これは排外主義を主張する際の公式の知的基盤となった。四つの体液はそれぞれ二つの根本的な性質と関連があるとされた。胆汁は温かくて乾いている。黒胆汁は冷たくて乾いている。粘液は冷たくて湿っている。そして血液は温かくて湿っている。大気中の温度あるいは湿度のレベルによって、それに対応する体液が増加する。すでに述べた通り、体液の割合が身体と精神の特性の発達を方向づけると考えられていた。地域によって気候は大きく違うので、異なる場所に住む人々はそれぞれ、それに応じた特有の性格をもっているはずである。ギリシャ人達はこの論理を使って、アジアの厳しい暑さはペルシア人を賢くするが卑屈にするとした。またローマ人は、北の地方に住んでいるため勇敢だが粗野であるとガリア人を中傷した。二世紀にはローマの占星術師および天文学者プトレマイオスは、異なる地域を照らす星や惑星は、どの体液がつくられるかに影響を与えると主張し、それゆえ、惑星の力もまた民族間の違いを生み出すとつけ加えた。

　厳密にいえば、地体液説は生物学的な人種差別ではない。遺伝によって民族間の違いが決定されると断言しているわけではないからだ。ローマの歴史学者リヴィアスは、ガリア人を含む軍隊と小アジアで今まさに戦おうとしていたある執政官の逸話を語っている。その執政官は、さしも勇猛果敢であったガリア戦士たち

図2　180年頃につくられたポルトナッチョの石棺に施されたレリーフ。ドナウ川近郊におけるローマ兵士とドイツの「野蛮人」部族との戦いが描かれている。

も、東方の穏やかな気候で過ごすうちにすっかり柔和な性質になってしまっていると告げ、自軍の兵士たちを落ち着かせたという。そうではあったとしても、古代ギリシャやローマの能力では統御できず、また抗いがたいような資質を野蛮人が有していることは、古代ギリシャやローマの学者たちも認めてはいた。まとめると、故国にいるかぎり、野蛮人達はあたかも本来的に劣っており、それは不変だとみなされることがあり得たのである。また、全員が熱や湿気の影響力を肯定していたわけでもない。気候によってもたらされた気質が時間を経るうちに遺伝するようになり、ひとたび遺伝性を得ると、もはやそれ以上は変わりにくくなるという主張とパンゲネシス説は調和していた。リヴィアス自身、遺伝するようになれば、もはや変化しない可能性について、ある文章ではっきりと述べている。その箇所では、野蛮人の居住地に滞在することになっても、「ほかの土地に移ったことで素性や習慣は変わらない」から、「そこに住んでいた野蛮人のような状態に」退化・変質すると恐れることはないと、ギリシャの入植者達は念押しされている。

　リヴィアスの二つのエピソードは矛盾している。この矛盾は、遺伝についての古代の考えと現代科学が解明した答えのあいだに存在する大きな隔たりを際立たせる。種や胎芽は、外の世界と動的に相互作用しながら成育していくのであり、永続的影響力および一時的影響力の組み合わせによって、新しい人間が形づくられていく。こうした信念は、西ローマ帝国滅亡後も一五〇〇年以上ものあいだ支持され続けたのである。

2

中世の性・種・罪

古代ローマ軍の撤兵と未開人による独立国家の台頭により、紀元五〇〇年代の初めまでに、西ヨーロッパの人々はローマ政府の圧力から解放された。ローマ帝国が衰退すると、交易は劇的に落ち込み、極めて多くの学問・知識が消失した。そして紀元一〇〇〇年頃、気候が温暖になり、農業・輸送・財政が発達すると、再び、農作物の収穫量は上がり、商業が復興した。豊かさが目覚ましく増すと、次いで、学術活動もまた盛んになり、ヨーロッパ諸王国の領土拡大を後押しした。それに伴い、社会的な階級はさらに複雑化する。これらの変化により、遺伝について五〇〇年以上にもわたって続いてきた主流の考え方とは異なる諸概念が、より重要性を増すようになった。

アリストテレスとガレノスの対立再燃

十一世紀終わりから貿易が拡大し始めると、古代ギリシャ・ローマ時代の写本が、北アフリカやイスラム時代のスペインのアラビア人哲学者から手に入るようになった。上流階級の若者達は、ラテン語に翻訳さえされていれば、アリストテレスやガレノスの著書の多くを、また、ヒポクラテス派やアレクサンドリア派の医師達が残した断片や、優秀なイスラム教徒の学者達による古代学問の注釈書などを読めるようになったのである（図3）。

図3　医学の講義を行う11世紀の医師コンスタンティヌス・アフリカヌス。北アフリカに生まれ、イタリアに渡り、アラビア語で書かれた重要な医学書を翻訳した。

農業や貿易で得た富で、大学なる組織が新たに生まれ、スコラ学者と呼ばれる学者達を輩出した。彼らの役目は、アリストテレス――スコラ学者達が敬意を込めて簡潔に「哲学者」と言えば、それは彼のことを指した――を始めとする古代の哲学者達の英知とキリスト教を調和させることにあった。世界には始まりも終わりもないという異教の考えを、カトリックの教義に持ち込むのは簡単ではない。しかし、出産の事例で述べると、アリストテレスの言う「プネウマ」はキリスト教徒の魂のことだと定義しなおせば、あるいは、ギリシャの哲学者達が言う「徳」とか「能力」を、神から植えつけられたある種の力に読み替え、そうした力で子供が生まれてくると議論すれば、穏やかな創造だけで済ますことができたのである。どちらの見解でも、物質が生命となるのは、そして、両親のもつ性質が伝えられるのは、神の介入があったのちに初めて可能となる。

アリストテレスやガレノスの重要な代表作が再発見され、イスラム教徒の学者達による注釈が読まれるようになると、子供ができる際の母親の役割に関する古代の議論が再燃した。スコラ学者達の多くは、女性は生殖において種となる要素をもたないというアリストテレス理論の簡略版を支持した。十三世紀の終わりには、アリストテレス主義を限界まで易しくかみ砕いた内容の本が書かれた。『女性の秘密』という好奇心をそそるタイトルのついたその本の作者は不明である。本文には、たとえばネコの精液がついたハーブを男性が知らずに食べてしまったら、子ネコが「その男性の胃のなかでつくられてしまう」はずだと説明されている。その一方、中世の医師はほとんどが、両親ともに種をもっているという、ヒポクラテスやガレノスが論じた説を支持した。フランス人外科医のギー・ド・ショーリアックは、種は「男性と同じく女性の精巣内でも」精製されると主張している（ある英語の翻訳には、そう書かれている）。

中世の医師達も古代の先人達同様、子供が祖先の特色とほんの一時の影響による変化の両方を発達させるのは、種に起因すると確信していた。医学校では、種がどのように両親の体液の性質をもつかに関するガレノスの公式について学んだ。種は、どちらかの親がもつ病気に冒された体液からも性質を引き継ぐことがある。こういう理由で、モンペリエで経験を積んだ医師ゴードンのベルナールは、ハンセン病を発症する「汚れた種」を次世代に残さないようにと警告した。

プトレマイオスを始めとする古代ギリシャ・ローマ時代の学者達は、妊娠するときの星、惑星そして月の位置によって、種の内容は変わってくると論じ、中世の著者達もまた、その考えを支持した。たとえば、十二世紀に書かれた『精子について（*De Spermate*）』では、惑星の動きによっては、黒胆汁が優位となり、救いようがないほど気難しい子供が生まれてしまうので、鬱の傾向がある両親は気をつけるべきだとされている。

両親のもつ性質が反映していないにかかわらず、性交のあとでも、いろいろな要因が次世代に影響するといわれた。『女性の秘密』には、頭は牡羊座、首は牡牛座、胃腸・肋骨・上腕は乙女座の影響を受けてつくられると書かれている。つまり、天体の摂動は胎児が発達する道筋を変えるとされたのである。また、中世の著者達は、母親の想像が生殖のよし悪しを決めるという考えを支持していた。フランスの修道士ボーヴェのヴァンサンは、サルのような子を産みたくなければ、決してサルを見てはいけないと妊婦に助言した。

中世の医師達は、それがほんの一時的な要因にすぎないとしても、種や胎芽に影響を及ぼすすべての物は、子供の体に影響を及ぼし、何世代にも受け継がれる可能性を示唆した。たとえば、ゴードンのベルナールは、出産以前に何らかの要因によってハンセン病に罹患した子供は「治癒の見込みはない」としている。しかし、遺伝により必ずしも運命が決まるというわけでもない。ハンセン病を受け継いだとしても、健康的な生活により発症が防げると主張している医師もなかにはいた。しかし、そのような場合でも遺伝性の特色として病気は潜在しており、次世代で致命的な疾患となる可能性もあるとされている。同様に、交易と征服を背景に、環境による身体的な特徴は遺伝し得るとして、数多くの著名な学者が、古代の地体液説を支持し、再び論じている。十三世紀にバイエルン地方に生まれた貴族出身の修道士アルベルトゥス・マグヌスは、エチオピア人が黒い肌をしているのは温暖で乾いた気候にいる母体の子宮内で育つため、精液が燃焼されて黒い土のような燃えかすが残るからだと記した。同じ時代にイギリスのバーソロミュー（バルトロメウス・アングリクス）は「寒さは白い肌を生む」とした。このような民族性の特色はしっかりと根づいており、両親が母国から遠く離れたところからの移住者だったとしても子供に受け継がれるといわれた。しかし、肌の色を始めとする特色が三代以上も後世に変わらずに受け継がれるとは思われていなかった。アルベルトゥスは、もしアフリカ人が湿度のより高い北の地方へ移住したとしたら、子供達は「最初の祖先達」と同じ黒い肌をしているが、すぐにそのまた次世代の子孫からは隣人達と同じ白い肌をもつだろうと主張した。遺伝性の特徴は根づいてはいるが、ずっと固着しているわけではない。

ジェンダー・人種・不平等

古代の世界と同様、中世の学者達もはっきりと女性や民族的部外者・社会的部外者の劣位を認めており、修道院や学校に限定されず広く主張された。

女性は遺伝的に男性より劣るとされたのは、中世において女性の地位が低かったことの証しである。女性は夫に従順であり、常に家庭に配慮するものとされている。こうした考え方に応じて、学者達は、女性の体温は男性より低く、脳は理性よりも感情に訴える傾向にあるとした。十三世紀のイタリアの神学者トマス・アクィナスは、「女性は、（中略）種の形成力がうまく働かず、胎児を男性にする物質を運びきれなかったせいでできる」としている。そして、彼の崇拝するアリストテレスから引用して、女性を「男性の出来損ない」と呼んだ。生物学は、明らかに、その社会的役割に合うように女性をしつらえたのである。

外国人を認知する際も、遺伝の違いという観点から言い表された。私達は、ヨーロッパが暴力的に開拓を進めたその最前線において、人種差別的発言がなされた証拠を数多くもっている。サクソン族の軍隊とドイツ・チュートン騎士団が、東に領土を拡大すると、十二世紀のある司教は敵のことを「人ではなく、人の姿をした怪物」と呼んだ。国外から来た人々と平和的な関係が結べない、もしくは望まれないときにはいつでも、このような態度が繰り広げられた。たとえば、聖地エルサレムを占拠していた十字軍の支配者達は、自分達よりも人数が多く、見下しているような態度のイスラム教徒とは安心して手を組めなくなった。そして当たり前のようにイスラム教徒を、救い難く劣っており「生まれつきの奇形である」とした。反対に、他民族がはっきりと友好的な態度や同化の意向をもっていたとしたら、対応は大きく違ってくる。たとえば、ノルマン人がイングランドを征服したのち、すぐに征服者達は生き残ったアングロ・サクソン人の上流階級家族と結婚した。これは財政力を守り、賊軍の有望なリーダーを中立の立場にするためである。

中世の貴族は、未だにギリシャ・ローマ時代の先人達が信じていた高貴な血という絵空事に固執していた。一一〇〇年代に多くつくられた騎士の階級や紋章などに、これが例示されている。マヨルカ島出身のラモン・リュイ（ライムンドゥス・ルルス）は、貴族の型通りの自惚れを、聖書を持ち出して正当化した。アダムとイブがエデンから追放された後、悪に立ち向かう防御手段として常に「最も忠実だった」のは騎士道であったと彼は記した。このような真の騎士達の美徳は、父から息子へと伝えられ、その後ずっと続いてきたとしたのである。

卑しい生まれの者が勝ち上がると、貴族階級の人々はいつも憤慨し、由緒ある家柄の重要性を著述家に書かせた。一一九〇年、ある宮廷詩人はイングランドのリチャード獅子心王に対して、テオグニスと同じ論法で詩を読んだ。「奴隷のなかから王を選んではいけない。田舎者は相応しい仕事をすればいい。（中略）一日の終わりには、自分の本性へと立ち帰っていくだろう」。実際には、騎士とは名ばかりの暴力的で礼儀を知らない行動をする者もいるので、遺伝の力をはっきりと否定している学者達も少なからず存在した。たとえば、十二世紀の司祭ランベール・ル＝ベーグは、あてつけがましくローマ教皇カリストゥス三世に訊ねている。「世界のあらゆる種類の男は、万物創造の神によって、ある一人の男からつくられたのではなかったでしょうか」。

十五世紀の終わりまで、ヨーロッパの哲学者や医師・貴族・兵士が考える遺伝概念は、ギリシャ・ローマ時代に広く支持されていた考えとほとんど変わりがなかった。キリスト教と古代の生物学の調和を除けば、技術のうえでもイデオロギー的にも、遺伝概念の革新はほとんど見られなかった。新たな知識を得るための、今までにない新テクノロジーとアプローチが出現したことで、また、交易・植民地主義・奴隷貿易に加わるヨーロッパ人の数が増えたことで、遺伝概念が変化を見せ始めるのは、それに続く何世紀かあとのことになる。

3

近代初期（一四五〇～一七〇〇年）における遺伝

近代初期には、遺伝的性質についての新たな考えが生まれた。それにはいくつかの理由がある。一つ目に、古代の知的遺産の新たな見直しと印刷技術の発明が相まって、性と遺伝を昔の人々がどう捉えていたのかが身近になったこと。二つ目に、古代理論の信憑性を疑問視した学者が、親と子はなぜ似ているかについて、まったく新しい説を打ち立てたこと。三つ目に、国際貿易、植民地化、そして人間と動物の強制的移動の範囲が広くなり、環境がどう生殖の過程に影響を及ぼすのかを実際に解明する緊急性が高まったことが挙げられる。

レオナルド・ダ・ヴィンチ再生

十四〜十五世紀の間、知識人達は王侯貴族の庇護のもと、イスラム教徒学者の手を経たものでもなく、また、写本係の修道僧の書き写しそこないでもなく、アリストテレスやガレノス・プラトンといった著書達の傑作そのものが眠っているのではないかという希望のもと、ヨーロッパ中の図書館を徹底的に調べあげた。こうして、古代の著者達が再び輝きのなかに躍り出ることになったのである。一四四〇年頃に発明された印刷機により、かつてないほど多くの人々が新たに翻訳されたギリシャ・ローマ時代の生物学理論を読めるようになった。一五〇〇年代には、ヴェニス・バーゼル・パリを始めとする出版の中心地で、ガレノスの論文だけでも五九〇版も増刷されている。

一五〇〇年代の初めにもなお、古代の考えは広く支持されていた。バルトロメオ・ダ・ヴィンチが、亡くなった異母兄レオナルドのクローン人間をつくろうとしたことからも、それが窺える。レオナルド・ダ・ヴィンチは、フィレンツェの裕福な階級の家に生まれた。レオナルドの母親は身分の低い農夫の娘で、出生記録もないほどであった。バルトロメオは、自身が第二のレオナルドをつくれるかもしれない種をもっていると信じて、レオナルドの母親が生まれた村で結婚相手を探した。バルトロメオが自分の種にふさわしい若い女性を求め探し歩く姿は、さぞや、貧乏人と結婚したがるひねくれ者と見えたことだろう。いずれにしろ、バルトロメオは格好な農民の娘を見つけて結婚した。そして一五二九年に息子ピエリーノが生まれた。ピエリーノは、レオナルドと同じく木に囲まれたレンガの家で育てられた。実験はうまくいき、ピエリーノは腕のよい見習いアーティストになった。しかし、熱病で亡くなった。

バルトロメオの行動は、生殖についての従来の考えに沿っている。子が親に似るのは自然界の法則であるという生理学的原理に則り、バルトロメオは自身の種が芸術的才能をもっているという望みをかけた。十六世紀のイタリアの詩人トルクァート・タッソは、自分の一族と似ていない人を「邪悪に生まれた獣」と呼んだ。一般的に、子供は両親に似ているものと考えられていたため、父親に似ていない子供が生まれるとスキャンダルになった。遺伝の力を確信していたアンダルシアの著名な医師で執筆家のファン・ファルテは一五七五年に、政府は「知能が低く金髪で美しい」女と「知能が高く毛深く醜い」男との結婚を規制するべきであると書いている。またファルテを始めとする医師は、中世の先人達と同じく、病気に冒された種が汚染されたまま次世代に受け継がれる危険を警告した。

バルトロメオの試みは、生殖について初期近代に支持されていた通説に基づいている。両親の先祖がもつ性質が子孫に受け継がれるという説である。

一五四二年に、フランスの王族侍医ジャン・フェルネルは、大きな反響を呼んだ著書『生理学（*Physiologia*）』に、男性の射出する種に比べて効力は弱いかもしれないが、女性も間違いなく種をもっていると書いた。「二つの種」説の優位は、一六五一年に出版された、ウィリアム・ハーヴィの『動物発生論（*On Animal Generation*）』にも認められる。アリストテレスへの傾倒を誇らしく思っていたハーヴィが血液の循環を発見したのには、確かにアリストテレスが論じる完全なる円運動からヒントを得たという一面もあるだろう。しかし、生殖について調べるため家禽やダマジカを解剖することによって、ハーヴィは、すべての動物の生命は、オスの精液からの霊的放射物と、母親の特色を子供に伝えるメスの卵が一緒になって展開すると結論づけたのである。まだなお多くの学者がメスの種はオスの種より弱いと考えていたが、その存在を否定する者はもういなかった。

バルトロメオはまた、従来の考えに倣って、広範囲に及ぶ環境要因が種や胎芽に影響すると考えた。この考えは、生殖の手引きとして印刷され、出来のよい子供をつくりたいと願う両親のために出版され、幅広い層に支持された。手引きでは性交のタイミングが重要だとされている。古代の先人のアドバイスに従って、男性も女性も適した体温になるまでは自制しなければならない。ファルテは、ティーンエイジャー男子の精液は湿り気が多すぎて、生まれてくる子は「当然、バカ」であると書いている。また、食べ物が高品質の種に変わるまでの時間も考慮するべきである。よって、食後のセックスは愚行でしかない。実にファルテは、男性の種は性交前に三日間は「料理されて、熟成される」べきであるとした。これにより、母親の弱い種は打ち負かされて、子供が父親の特徴を受け継ぐようになり、父親が誰であるかという心配も必要なくなった。とはいえ、完全に安心できるわけでもない。有名な論文には、愛人の子供を身ごもった女性は、不倫相手とのセックス中に、あるいは妊娠中に夫のことを思い浮かべれば、不倫相手に似るのを免れるかもしれないとほのめかされているからだ。

バルトロメオが星の力を信じていたかどうかはわからない。とはいえ、種の形成および胎児の成長は、星と直接関係し合っているとするのが当時の標準的考えであり、彼もそう信じていたとしても不思議ではない（図４）。

占星術への関心が増し、一四六〇年代にマケドニアの男子修道院で見つかった文書が翻訳された。『ヘルメス文書（*Corpus Hermeticum*）』と呼ばれたその文書は、誤って古代エジプトの司祭であり王でもあったヘルメス・トリスメギストスによるものと考えられた。自然研究者達はこの文章に従い、星々からなるマクロ宇宙（全宇宙）に対して、地球はそのミニチュア版であるミクロ宇宙にすぎず、また、超自然的な力が星や惑星から常に降り続けていると考えた。その結果、子供をつくる男女は天体がよい位置にあるときに性交すべきであるとされたのである。

初期近代の学者は、神はそのように人間を創造したので、罪を犯した者には当然異常をもった子供が生まれると確信していた。月経中の女性と性行為に及ぶのは特に悪質で危険だとされていた。オランダの医師レヴィナス・レムニウスは、長い航海から戻った船乗りは特に、積もりに積もった性欲を満たしたくて、妻が生理中であるかも確かめずに「帆を全開に張って、妻に乗って暴れまくる」ので、危険であるとした。レムニウスによれば、このようにして船乗りと妻の間にできた「怪獣」は、長い首と「威嚇するような目」をしており、子宮から飛び出してきて、助産師が何とか捕まえて絞め殺すまで部屋を暴れまわるの

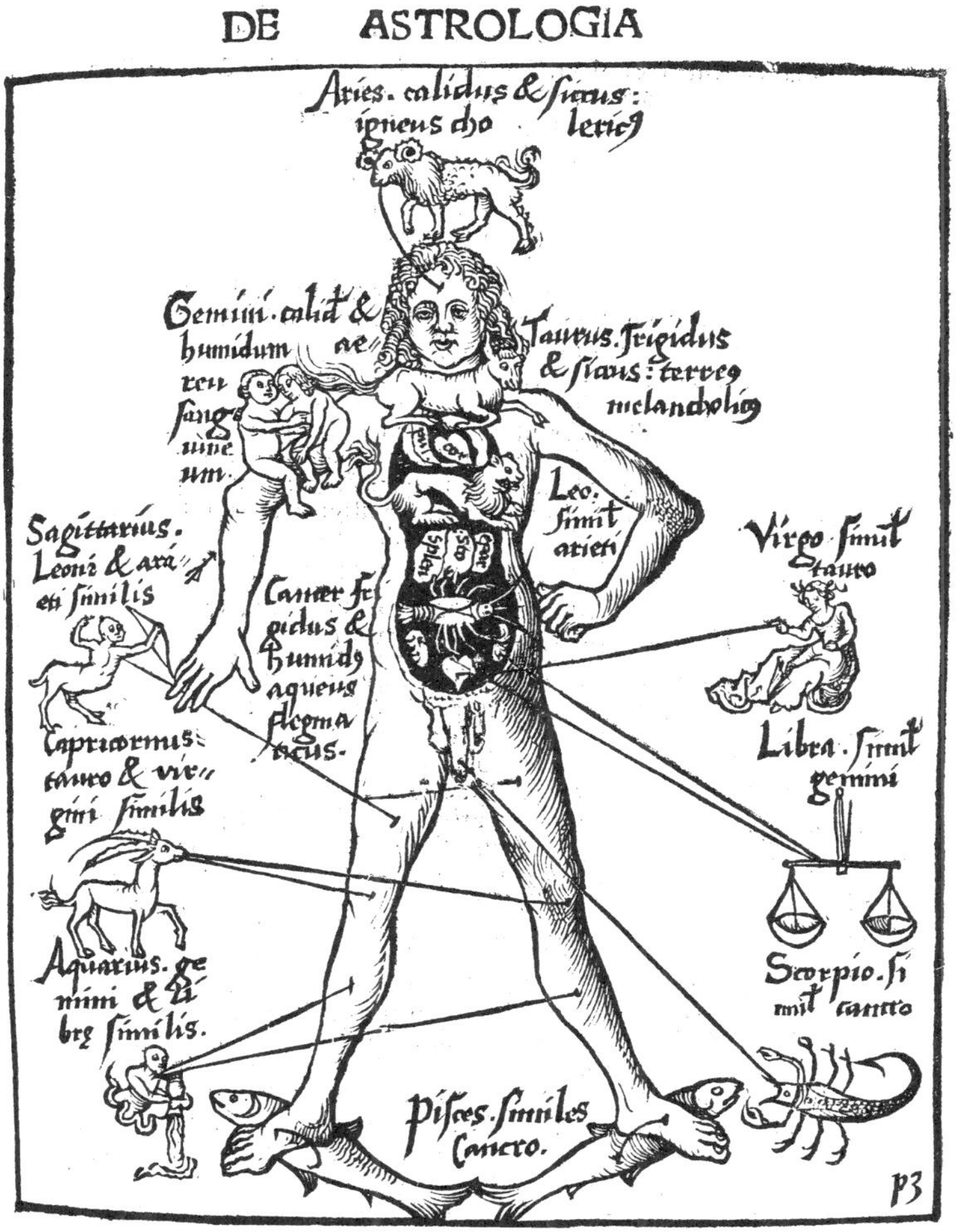

図4　1503年のグレゴール・ライシュの『哲学の真珠（*Margarita philosophica*）』に掲載された“*De Astrogia*”すなわち「占星術の男」

だそうだ。

ヒトとウマについて

バルトロメオ・ダ・ヴィンチが自身の繁殖実験を行っている頃、地体液説の原理は、まだ広く支持されていた。学者は、いろいろな宗教や政府があることを、異なった湿度、日光、天体への暴露の観点から説明したが、肌の色についても同様な説明を踏襲した。しかし、ある側面については、古代の学説を見直す必要があるとも感じていた。イギリス人が、自分達は世界という舞台の主役の一人だと感じ始めた頃、戦うに早く、考えるに遅いという古くからの評判に憤っていた。一六六四年、聖職者トーマス・ウォーキントンはこのような古代からの非難をはねのけるために、「ひんやりした北方の、あらゆる温度という王子が血液と粘液の理想的混合状態をイギリス人にもたらし、創意豊かな機知と賢明な理解力が彼らに現れた」と主張している。この頃までには、地体液説の最簡略版の信憑性を真剣に疑う見方が出始めていた。

ヨーロッパの影響が北アフリカや黒海から少し先くらいまでしか及んでいないのであれば、地体液説の真価を質す機会はあまりない。しかし、ポルトガルやイタリアの船が西アフリカ沿岸に進入し、カリブ海やアメリカ本土を航海し、喜望峰を回って、東洋の広大な交易帝国へたどり着くと、標準的な地体液説は信憑性が怪しくなってきた。まだ誰もいっていない遠方へと航海したヨーロッパ人は、日照の量と肌の色が釣り合っていないことに気づいたのだ。イタリアの歴史学者ピーター・マーティルにとって、カリブ海の島々に割合に肌の白い人々がいたのは予想外だった。彼はアメリカ先住民を孤島に取り残された海賊バイキングであるかのように「その人達の肌は白く、髪は黄色い」と書き記している。

より単細胞な地体液説の信奉者を、さらに悪い事態が見舞った。白人の両親をもつ子供の肌は、アンゴラやカリブ海で生まれても黒くないことが実証されたのである。商人のジョージ・ベストは、一五七八年に「炭のように黒いエチオピア人が、イギリスに来て色の白いイギリス人を妻にした。そしてその息子は父親のように黒かったのを自分自身の目で見た」と書き、地体液説を否定した。イギリスの医師トーマス・ブラウン卿は、一六四六年に、神話を破壊するような攻撃を「大衆の俗説」に対してしかけた『荒唐世説(*Pseudodoxia Epidemica*)』の中で、肌の色という問題に果敢に挑んだ際、ただ一つ確かなのは、肌の色は忠実に両親から子供へ受け継がれることだとしている。

しかし、アフリカ人は永続的に色が黒い。だとしたら、色が白かったはずであるアダムとイヴから、どのようにして色の黒い人が生まれてくるのだろうか。多くの論者は、ヒポクラテス派やアルベルトゥス・マグヌスに従い、環境の影響を祖先から受け継いだとしてもそれは一時的なものであって、何世代か経つと消え去るのだろうとした。

たとえばジャン＝バティスト・デュボスは、サハラより南に住むアフリカ人の子孫がスカンジナビアに住んだ場合、髪の房がブロンドになり肌が白くなるまでに、十世代くらいかかるだろうと見積もっている。宗教に注目した人々もいた。無謀にも、神はそれぞれの人種のアダムとイヴを数セット用意したなどと述べる学者もいた。聖書の一話であるハムの呪いを独創的に解釈し、そこまで異端ではない考えを述べた学者もいる。創世記によると、ノアは記憶をなくすほど泥酔して、衣服を脱いだ。息子のヤペテとセムは従順に父親の裸を覆った。一方、ハムは裸の父親をあざ笑った。ノアは目覚め、ハムが無礼にもあざ笑ったと知ると、ハムの息子カナンに後世の子孫もずっと下僕となるよう呪いをかけた。聖書のこの一節には、肌の色について書かれていないので、学者のなかにはハムの呪われた後継ぎ達は肌の色を黒くされ、代々受け継いだのではないかと推測する者もいた。また、アフリカ人の奴隷化を正当にするため、ハムの呪いを引き合いに出す学者もいた。いずれにしろ、受け継がれた性質は完全に固着し、なくならないとされたのである。

遠く離れた帝国に定住したヨーロッパ人は特に、自分達の民族的本質は絶対に変わらないと信じたがった。新世界につくられたスペイン領の帝国で生まれたスペイン系の家族は、遺伝性の特色は不変で揺るがないと考えたがった。そうでなければ、自分達の子孫はいずれ土着民と見分けがつかなくなってしまうと認めることになる。反対に、植民地を統べるためにスペインから来た人々はすぐに、権威ある役職に就くのは自分達がふさわしいと主張した。というのも、自分達の本質は中南米の食べ物、星、湿度によって損なわれたりしていないからである。

気候帯をまたいでの人々の移動は地体液説の精査を促したが、あちこちに馬を移動させたこともまたそうした結果をもたらした。地中海沿岸や中東などの太陽がよく照る地域から北の曇りがちな地域へ連れて来られても、貴族の育てたスパニッシュ・ジャネット、ナポリタン・コーサー、バーバリアン、トルコ馬などの種類の馬は祖先から受け継いだ特徴を残しており、人々を驚きとともに喜ばせた。

生まれながらの性質は、非常に粘り強く残っていると人々は感じた。この理由でイギリスの作家トーマス・ブランデヴィルは、買い手に「一流の雄馬と雌馬を注意深く選んだほうがよい」と言った。かならずしも全員がこう同意していたわけではないが、馬の血統にこだわって高い金額を支払って買う余裕のあるお金持ちには、血統の重要性を確信する人々が増えた。

卵子、精子と機械

どのように生殖が起こるのかについて、古い教えに対する敬意とともに、新しい考え方が並行して発達した。一六〇〇年代に多くの自然哲学者は、物理的な因果関係の観点から世界をできるかぎり説明するのが科学の役割であると述べた。この形而上学的な転換は、フランスの哲学者で数学者であったルネ・デカルトの「機械論哲学」と関連が深い。紀元前五世紀に原子論を説いたデモクリトスによると、物質は極めて小さい原子からできており、その原子は天地創造のときに、ある特定の種類の運動を与えられたという。目に見えない粒子の運動と衝突に自然哲学は関心を寄せなければならないとデカルトは宣言する。そして「精神」「星の力」「天体の物質」などと言っている人は、何の説明にもなっていない言葉を単に思いつくままに使っているにすぎないと断言した。

生殖は単なる機械的営みにすぎないという確信を「デカルト主義者」達はもっていた。デカルトは、両親の体中から引き出された極めて小さい粒子から種がつくられると推測した。種はひとたび子宮内に入ると、発酵熱に晒され、飛び回り始める。このとき、大きさ・形・重さ等の違いに応じて、粒子は離合集散する。しかし、デカルト本人も、そして当然、多くの人達もこの説の不十分さに気づいていた。

一六九一年にスコットランドの自然哲学者ジョージ・ガーデンは、「まだ運動の法則すべてが発見されたわけではなく、動植物の成り立ちについて、不十分な説明しか与えられていない」と結論した。デカルトはさらに、実験によって自然を探究するために集まった自然哲学者達による新興の自然科学系学会からも批判を浴びた。一六六〇年にロンドンで設立された王立協会を始めとする学会は、推測で物を言うことを避け、注意深い実験を重視して、そうした手段で得られた結果だけに賛同するよう参加者に求めた。こうした文脈で、飛び回る極小の粒子などと語ったとしたら、無茶な理論と響いたことだろう。

顕微鏡の発明は、今や組織立った観察から学ぶ自然哲学者の能力を高める強力な助っ人となっていた。この非常に重要な発明のおかげで、性と遺伝に関する重要な新事実のいくつかが明らかになった。初めて精子が見えるようになり、卵胞に気づいたのである。一六七七年には顕微鏡研究の先駆者であるオランダのアントニ・ファン・レーウェンフックが、顕微鏡で精液を観察し、とても小さな「精子らしき虫達」が泳ぎ回っているのを見た。レーウェンフックは急いで王立協会に、男性側の遺伝要素を運ぶ本当の媒体を見つけたと手紙を書いた。ほとんどの学者はレーウェンフックが発見した生殖の虫達を単なる寄生虫だと考えた。しかし、レーウェンフックは、犬やウサギ・魚の精液中にも同じ動きをする精虫達を発見し、信憑性を高めた。

同じ頃、女性の卵子の存在を示す有力な証拠も見つかった。一六六七年、トスカーナ大公国づきの自然研究者であった、ニコラウス・ステノという名のデンマーク人が、雌のツノザメを解剖し、卵のように見える何かを「女性の精巣」内に同定したのである。その後すぐに、オランダの解剖学者レニエ・デ・グラーフは、受胎時に雌ウサギの卵巣に変化が起きることを発見した。卵巣の表面にある小さな卵胞が消え、黄色い傷だけが残ったのだ。デ・グラーフはウサギの子宮内で卵巣の「黄体」の数だけ胎児が育っていることを突き止めた。これで、動物は卵巣から放出される卵から発生するらしいことが、より確からしくなった。こうした発見が刺激となって、生殖についての新たな考察を繰り広げる理論の出現が促されたのである。

十七世紀最後の十年間で、数人の自然哲学者は「卵子説」を展開した。これは、神がそれぞれの種類の最初の雌をつくられた際、その雌の卵巣に、それ以降に生まれるその種の個体すべてを蓄えられたという説である。イヴ以来このかた、極めて小さなそうした存在が次々と世に生まれ出て、元のストック全部がなくなってしまうまで、この過程が繰り返されると考えられた。ほとんどの卵子説者は、家族が似ていることを、もともと存在していた胎芽には最も重要な構造や姿・形しか含まれておらず、受胎のときや妊娠中に、両親の特徴がそこにつけ加えられるのだとする議論で説明しようとした。そうではなく、もともと形成されていた胎芽は、アントニ・ファン・レーウェンフックが発見した精子に運ばれるのだとする見解を述べた自然哲学者も何人かいることにはいた。だが、この見方は射精によって無数の精子が消滅するのだから、「精子説」は神が「無限の殺人」を容認していることになるという批判をあまた招くことにもなった（58ページ図5）。

「前成説」の支持者が思慮に欠ける考えの持ち主だったわけでは決してない。前成説の考えは、ある種の自然哲学者に明らかに訴えかけた。彼らは、デカルトの機械論哲学が、生殖という入り組んだ問題にまっとうに取り組んでいない点に心を痛めていたが、さりとて、自然現象を説明するにあたって、魂や精霊といった概念を再導入するのを好まなかったのである。それに、顕微鏡も前成説に信憑性をもたせる余地を与えていた。ずっと増え続ける極めて小さな有機体という想定が顕微鏡のレンズの中に投げ込まれるにつれ、すべての雌の卵巣には何百万という胎芽が注意深く折り畳まれているという説が、もっともらしく見え始めてきたのである。同時に、当時のレンズはまだ原始的で、この説を効果的に検証できる技術段階に達してはいなかった。こうして、性と遺伝を説明するためには霊の力が断固として必要だと考える学者と前成説支持者のあいだに、閉塞感が募っていった。

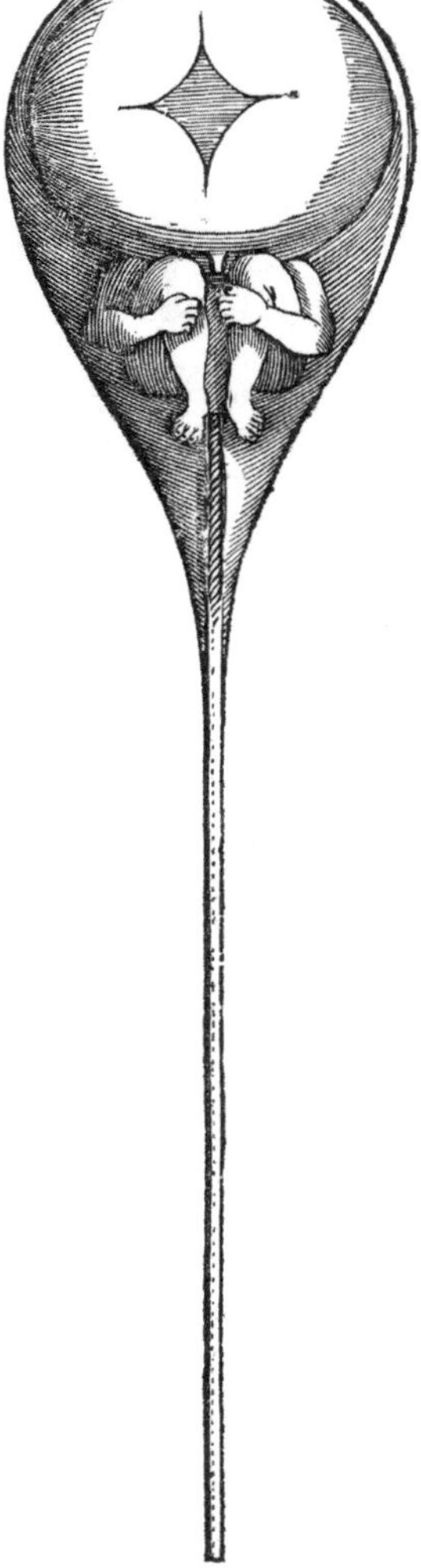

図5　1604年 ニコラス・ハルトゼーガーの『屈折光学試論（*Essay de Dioptrique*）』より「精子」または「ホムンクルス」

ジェンダー・人種・上流階級

学者達が展開したジェンダー（社会的な性）の説明では、以前と同様、社会的および政治的な女性の劣位が相も変わらず声高に論じられていた。教育を受けることを許されず、公然と政治に関与することも禁止され、女性は家庭内でも外でも権威ある男性へ快く服従することが求められたのである。

与えられた自然の摂理に逆らい、女性が女性としての義務より多くのことを求めた場合、咎を負った。一六〇〇年代にロンドンの女学校を経営していたバスシュア・メイキンは、「女性は男性のように理性を備えておらず、男性は教育により成長できるが、女性はその能力が低い」という通説を嘆いている。

このような控えめで女らしい女性像は、基本的な衝動を抑えられないほど愚かな女性というひときわ異なった観点と張り合った。十六世紀のフランスの法学者ジャン・ボダンは、女性の脳は男性よりも小さく、性的欲求に簡単に負けてしまうと論じている。彼は、その結果、女性は悪魔の性的な誘惑の被害者になりやすいと述べた。ボルドーで魔女狩りをした判事のピエール・ド・ランクルは、「男性よりも女性のほうが悪魔の誘惑に負けやすい」のは「生まれつき女性のほうが愚かであるからだ」としている。

一四〇〇年代の末期以降、植民地化や奴隷化が急激に拡大すると、ヨーロッパ人ではない人々は知的能力が先天的に異なっていると主張する声も大きくなってくる。特にカリブ海やアメリカ大陸に上陸した人々は、白人以外の人種を本質的に劣っていると見る傾向があった。カリブ海・ブラジル・中米に渡った人々は、権力や富を振りかざして自分達の欲求を満たすことに夢中になった。そして土着民はほとんど人間ではなく、獣に近く、生まれながらにして鉱山や農園での過酷な肉体労働にふさわしい短命であると、自分達の行動を正当化した。一五〇〇～一六〇〇年代にも、スペインの植民地であったメキシコとペルーで、システマ・デ・カスタ（カースト制）と呼ばれる公式の人種的序列がつくられている。これは、血の割合によって個人の権利・義務・地位が決められるというシステムである。カスタは、主として、親がヨーロッパ人とアメリカ先住民の混血であるメスティーゾ、そして、ヨーロッパ人とアフリカ人の混血であるムラートとから成っていた（図６）。スペイン人は、これらのカスタは公務員になれず、大学へも入れず、街や都市内にある一部の居住地にしか住んではならないと定められた。

　スペイン人はこの方法で、植民地社会で最も権威ある仕事や地位を独占して保つことに躍起になった。純血のスペイン人のみが、「ヘンテ・デ・ラソン（gente de razon）」、すなわち、生まれつき理性的な人間だとされたのである。

社会的かつ経済的な私欲の力がはっきりと人種差別を助長した最たる例は、強制的にアメリカに送られた、サハラより南に住むアフリカ人奴隷のケースである。ヨーロッパ人は、自分達が併合した広大な土地を利用して砂糖などの商品を生産することで、大儲けできると気づいた。しかし、砂糖の生産は過酷で危険を伴い、自ら進んで農園で働きたがる人はいない。そこで農園の経営者と監督は、アフリカの西沿岸部から人員を船で送りこんで働かせる奴隷制プランテーションをつくった。植民

図6　フアン・パトリシオ・モレテ・ルイス（メキシコ、1713 ～ 1781）による、植民地スペインのカスタ画。この有名な風俗画は、ヨーロッパ人・アフリカ人・アメリカ先住民の異なる組み合わせの子孫を分類し、ランクづけしている。

地には黒人男性・女性・子供に対する残忍な上下関係ができ、植民地にいる白人はアフリカ人奴隷を「下賤な獣」であり、良心の呵責をみじんも感じずに「羊」として売れると言い放った。白人は経済的利己主義から、アフリカ人をヒトとはみなさなかったのである。

反対に、ヨーロッパ人はしばしば大げさなほどにインド・中国・日本の人々を称賛した。一五七七年にイタリア人宣教師のニェッキ・ソルディ・オルガンティノは、中国人を「野蛮人と見るべきではない。なぜなら、信仰はさておき（中略）彼らに比べると私達のほうが野蛮である」と記している。白人以外の人種を見下すヨーロッパ人の一般的なルールから外れた例を見ると、人種差別的なイデオロギーが発生したきっかけが何だったのかがわかる。というのは、ポルトガル人やスペイン人は大方、東方においては、プランテーション農園の奴隷へと現地の人々を追いやるよりも、奢侈品《しゃしひん》を購入するほうが稼ぎになるという立場をとったからである。さらに、ヨーロッパ人は、容赦なく現地の人々を追い立てるほどの軍事力に欠けるようにもなっていた。代わって、現地のリーダーや商人に協力を要請する必要が出てきたのだが、これが彼らに共感するという報酬をもたらし、また、人種の粗野なステレオタイプ化を罰したのである。アメリカ大陸の人々は、はしか・天然痘・インフルエンザに罹りやすく、ヨーロッパ人との接触によってそれらの病原体がもたらされると、人口が壊滅的に減少し植民地化されやすかったのだが、もしインド・中国・日本の人々が同様に感染しやすかったとしたら、状況は違っていたかもしれない。しかし今回ばかりはヨーロッパ人に運はなかった。ヨーロッパと極東は、何世紀もの長期にわたり、移住・貿易・襲撃で接触し続け、それぞれの集団がもつ病原体セット、すなわち病原体プールは融合して、ほぼ同一になっていたからである。

社会的弱者の非人格化がどのように助長されていったのかについては、何世紀にもわたって、教会や、ときに信者がユダヤ人をキリスト教徒に改宗させようとしてきた近代スペインを見れば、よく理解できるだろう。一四九二年ついにスペイン系ユダヤ人に、宗教を捨てるか王国を出ていくかの選択肢が提示され、多くが洗礼を受けることに合意した。古くからのキリスト教徒の家族は、比較的教養のある「改宗者」を相手に、教会での利益の大きい地位を競い合わなければいけないという新たな恐怖を感じた。対策として、彼らは遺伝の理論をしきりに引き合いに出し、ユダヤ人を「邪悪な血統」をもつ悪魔とみなし、ユダヤ人が未来永劫本物のキリスト教徒にならないように計らった。

憤慨したこれらのスペイン人達は、貴族の血筋を引く者だけが高い地位に就く資格があるとする時代遅れの主張を引っ張り出してきて、当時の状況に合うように仕立てたにすぎない。この神話は近代初期になっても廃れる気配がなかった。実際、中央集権化しつつあった国家が、貴族達の独立を押さえ込み、金融・経営・法務の正式訓練を受けた中流生まれの公務員を雇おうとしたとき、貴族達は躍起になって、自分達の血筋の価値を安定させようとした。ただ、実のところ、正しい血統のもつ重要性について、とやかくいわれる心配をしている貴族はほとんどいなかった。ほとんどの君主が王府の席から遠い地方を統治できるようにするために未だに忠実な支援を必要としていたからである。そのうえ、自分達を優れた種族だと思っている貴族の考えに異論を唱えることに関心をもつ新興層など、ほとんどいなかった。そういう人材は貴族の息子や娘と結婚して、従来のエリート層の一員となり、自らの子孫達がいつの日か、先祖が貴族であることをひけらかすほうを好んだのである。社会的地位が低い人々でさえ、貴族の生まれであるという威信を利用し、偽物の家系図を発注した。そのような策略は、貴族の血統のイデオロギーを強めることとなった。

　近代初期の学者達は、遺伝について、あれやこれやの信念がまぜこぜになった状態のまま過ごし、十八世紀の継承者達にそのまま引き渡した。たくさんの医師、自然哲学者、両親、動物の飼育家、貴族、入植者は皆、どのように生殖が起きるのか、またどのような性質が受け継がれるかについて、古くからほとんど変わっていない考えを共有していた。しかし、新たな風が吹いた。一つ目は、組織立った観察によりさまざまな動物種に精子と卵子が存在することが発見されたこと。二つ目は、人や馬の移動により、遺伝性の変異は推測されていたよりも長い期間残るとわかったこと。それらと同じくらい重要なのは、実験的方法の出現により、後世の劇的な科学の進歩に向けて必要な条件が満たされたことであった。

4

啓蒙時代の遺伝

遺伝という概念は啓蒙時代に発達を遂げた。植物学者や博物学者が先駆者となって、性と遺伝についての組織立った研究が進められ、自然哲学者は、種《たね》がどのようにして生きた身体をつくるかという疑問をさらに追究し、専門的な育種家は、望ましい特色の選び方と残し方に磨きをかけた。そして、十八世紀の終わりに進化論が生まれ、遺伝の問題は科学的論争の中心を占めるようになった。同時に、遺伝に関する新たな考えは、革命と反動の時代の政治哲学においても、ジェンダー・奴隷制・植民地に関する競い合いにおいても、中心を占めた。人々は生まれつき違うという考えは、科学および政治の世界において、大きな意味をもつようになっていたのである。

遺伝の科学

一七〇〇年代の自然哲学者や農業育種家は、父親からも母親からも遺伝的な特色が継承されることと、遺伝的な特色は比較的安定して何世代も受け継がれることを裏づける新たな証拠を示した。前成説の妥当性を問う議論の流れの中で、遺伝用の素材は両親からともに提供されるのではないかという疑念が強まってくる。卵子論の主張者も精子論の支持者も、子供が両親ともに似ているのはなぜかと問われた場合に、うまく説明できていないことは承知していたが、大多数は、前もって形成されている胚はメッシュ状の構造になっていて、胚が子宮の中に入ると、他方の親のもつ性質が何らかの方法でそのメッシュを充填するのではないかと論じて済ませていた。

そして、ここまで譲歩すると、卵子論も精子論ももはや、力とか誘引力といった概念によらない生殖理論を提出しているわけではなくなってくる。にもかかわらず、十八世紀の終わりまで、前成説は上流階級の自然哲学者に根強く支持された。だが、繁殖実験に実際携わった者は前成説をほとんど信じられなくなっていた。

十八世紀の植物学者は、両親からともに特色が遺伝されることを裏づける十分な証拠を集めた。動植物の分類学の先駆者であるスウェーデンのカール・リンネが行った研究はとりわけ重要である。一連の交雑育種実験を重ねたリンネは、植物も無性生殖ではなく有性生殖を行うという考えに最も有力な証拠を提出した。一七六〇年には、大麻草ではオスとメス両方の特徴が子孫に伝達されることを記載した功績を認められ、サンクトペテルブルグの帝国アカデミーから賞が授与されている。リンネは、さらに研究を進め、異なった種《しゅ》の動物や植物のオスとメスが交配して、新種がたえず生まれつづけていると示唆するまでになった。リンネの想像によれば、神の計画はもともと新種の継続的な創造にあり、交雑育種とは神の創造を完遂させることなのであった。

ヨーロッパの牧場や馬小屋でも、遺伝の本質について新たな発見があった。一七〇〇年代初頭、馬のレースが人気を博し、大きなビジネスとなった。イギリスのヨークシャーとリンカーンシャーで馬を育てている繁殖家は、「サラブレッド」と呼ばれるレース馬の先祖の記録を「血統台帳」につけていた。優れたスピードとスタミナをもつレース馬をつくるには、血統が鍵となることを繁殖家は知っていた。牛と羊の繁殖家も、遺伝した性質の耐久性にいち早く気づいていた。一七二〇年代には、スウェーデンのヨナス・アールストロームがスペインからメリノ羊を輸入し、スウェーデン産のメス羊と交配させた。そして生まれたメスの羊たちをまた純血のメリノ羊と交配させた。湿気があり、風が強い北方の気候にもかかわらず、アールストロームの羊は、ほかのスペイン産の羊よりも良質なメリノウールをつけた。イギリスのレスター地方では、「繁殖家界のプリンス」と呼ばれるロバート・ベイクウェルが、近親相姦と無慈悲な選択除去に基づく、より一層組織立った繁殖プログラムに着手している(72ページ図7)。その方法でベイクウェルは、脂肪をつけやすく、最も高く売れる部位に分厚い肉がつくニューレスター羊という種をつくった。オーストラリアとアメリカの農場主は、メスの羊と交配させるためにベイクウェルから羊を買った。そしてイギリス中部とはだいぶ状況が違うにもかかわらず、ニューレスター羊の特徴が安定して受け継がれていることに感心した。

人間の遺伝について組織立った研究を行った学者もいる。一七五三年に、フランスの天文学者で数学者のピエール＝ルイ・モロー・ド・モーペルテュイは、ベルリンのルーエ一家についての研究論文を発表した。ルーエ一家の父親であるヤコブは、手足の指がそれぞれ一本多い。これは、祖母から母へ、母からヤコブへ受け継がれた遺伝である。複数人いるヤコブの子供のうち二人が同じく多指であった。モーペルテュイが説明したように、卵子論や精子論の最も素朴な理論のもとでは、この遺伝パターンは説明できない。「すべての子孫が多指になるはずだから。また、多指が偶然生じたのだとしても、モーペルテュイの計算によれば」連続する三世代にわたってルーエ一家に見られるパターンで多指が現れる確率はわずか八兆分の一にすぎない「のであって、そのようなきわめて低確率な出来事が実際起こったとは思えない」。

十八世紀の哲学者は、身体で起こるさまざまな出来事を、法則のごとき力という観点から説明しようとする意欲をもっていたが、モーペルテュイはその代表的な人物であった。偉大なアイザック・ニュートンが、重力と呼ばれる作用を解明し得たのは、その結果もたらされる出来事を理解し、結果から遡ることによってだと見て取ったモーペルテュイは、天地創造のときに、神は物質粒子に何らかの種類の活性を与えたのだと想定した。そしてさらに、親の種《たね》を構成する「元素」は、ある固有の「知性原理」という活性を備えており、両親の身体の各部位から生殖腺や子宮にまで旅するあいだも、知性原理によって「前にいた場所」の「記憶」を保持しつづけるのだろうという考察を推し進めた。このような仕組みで、子供は両親のもつ特徴や傾向を受け継ぐとされたのである。

　生まれる前の一時的な影響が、遺伝する特色にどのような変化を与えるかについて、啓蒙期の学者達の意見は分かれた。ほとんどの医師や博物学者は、親の身体に重大かつ永続的な変化があれば、遺伝する特色に影響が及ぶと論じている。何世紀も前の先人達と同じように、慢性病の状態は受け継がれ、完全に治癒するには数世代を要するとも信じられて

図7　ベイクウェルの方法で繁殖されたケンタッキー州の羊

いた。フランスの傑出した博物学者ビュフォン伯ジョルジュ＝ルイ・ルクレールは、同じ属に分類される生物種が似ていることを説明した際、同じ理屈を用いた。一七三九年にパリの王立植物園の園長に任命されたビュフォンの仮説によると、同属に分類される全種は、「内的鋳型（internal mould）」、つまり本来備わっている同じプランからできており、内的鋳型は種《たね》によって運ばれて、物質を適切に組織化していく。たとえば彼は、ヒョウ・ピューマ・ジャガーは本質的に同じ動物なのだが、対照的な環境で暮らしているため、見た目の違いが生じているだけだと論じている。そして、このような変異は元に戻せるが、クーガーをアフリカに連れていき、ヒョウの黄色い毛と黒い斑点が出てくるまでには数世代かかるだろうとした。

また学者や弁護士は、子供が父親に似ている場合、真の親子の証拠となり得るのか、あるいは単に母親がセックスや妊娠の最中に、単にその父親のことを思い浮かべていたにすぎないのかについて議論を重ねた。後者の考えが広く大衆に信じられていたことは、十八世紀の何編かの人気小説で、胚発生に対し力を及ぼす女性の想像が重要な鍵の役割を果たしていた事実によって示されるだろう。しかし一方で、奴隷制社会の法廷において、白人女性が色の黒い子供を産み、誰の子かを決定しなければならなくなった場合は、色素沈着は想像ではなく遺伝の結果であると決めつけるのが典型であった。結局のところ、かくも生殖発生の過程が驚くほど曖昧だとしたら、人種間の境界はどう管理すればよいのだろうか。

単細胞生物と人類

十八世紀の終わりに、二人の男性が劇的な主張をしたことで、遺伝についての異なった考え方が一歩前進した。動植物は、常に簡素な形から複雑な形へと進化しているという主張である。進化論の主張は、数千年の歴史しか地球はもたないとする聖書の内容も覆すことを意味し、地球という惑星には非常に長期間に及ぶめまぐるしい変化があったことが前提となっている。地質学的データの証拠から、たとえば、海退現象（大洋の縮小）や岩石層の堆積がまったく異なった時期に起きたように思われるといったことから、創世記に書かれている地球史を疑問視する博物学者も現れた。しかし真の進化論は徐々にその姿を現した。博物学者はまず、エデンの園にはすべての動植物が存在したわけではないと否定することから始めた。

ビュフォン伯は数歩進めて、この惑星は数万年前に溶けたボール状の岩として現れたと一七七八年に主張した。岩盤はしばしば独特な化石の集合体であることに気づいたビュフォン伯は、さらに聖書の記述に反して、多くの動植物は地球の歴史上、ごく最近に現れたと論じた。ビュフォン伯によると、世界の始まりに創造者は「内的鋳型」を限定数だけつくったと主張した。

この型のいくつかは、生き物を形成できるようになるまで、地球の温度が下がるのを長い間待たなければならなかったという。しかし、ビュフォン伯の考えは、どの微生物がオークの木になり、人間になり、ワニになるのかという進化の過程にまでは及んでいなかった。これについてはっきりとした考えが出てくるまでには、もう少し時間がかかる。

身分の低いフランス貴族に生まれたジャン＝バティスト・シュヴァリエ・ド・ラマルクは、一七六六年に兵役免除されてから、優れた植物学者になった。一七九三年になってやっとパリの王立薬草園（現パリ植物園）に正規の職を得て、昆虫と蠕虫《ぜんちゅう》の研究も行うようになった。ラマルクは、研究を始めてから数年で、無脊椎動物の種間の違いはほんの些細な点にしか認められないことを発見し、種を分かつ障壁が強固なものとは思えなくなり始める。また、彼の作業台に現れる生物化石のとても多くが、現存する生物と明らかに同じではないのも不思議だった。ほかの博物学者は、化石に見られる生物は今でも遠く離れた海・森・砂漠に潜んでいて、発見されるのを待っているのだろうと推測した。しかし、ラマルクは賛同しない。これまでに、実に多くの探検家が地球の果てまでおもむき、化石を発掘しているではないか。彼が観察した化石生物は、かなり以前に絶滅した種族に属しているにちがいない。

全能の神の理知と博愛を信じていたラマルクは、この段階で莫大な数の種族が姿を消していることを知り、矛盾を感じていた。そして、生物が時間をかけて進化していると考えることで矛盾を解決した。絶滅したのではなく、形を変えて生き残っているのだと考えたのである。ラマルクは、一八〇九年に発表した『動物哲学』(一九五四年　岩波書店)で、すべての生物は、二つの補完する力によって進歩すると進化論の要点を述べた。まず、生物には「進歩する傾向」が備わっており、より複雑に自身を進化させる力があるとした。次に、動植物は、より多くの食料・空気・光を得るために自身の身体のある部位を用いるが、用いれば用いるほどその部位は発達し、発達した部分は遺伝によって子孫へと受け継がれると考えた。こうして、生物はますますよりよく適応していくと説明したのである。

ラマルクは進化学説を初めて詳しく述べたが、どう生物が進化していくかを説明するにあたって、獲得形質の遺伝を引き合いに出した最初の人物ではない。医師・詩人・博物学者であるエラズマス・ダーウィン(チャールズ・ダーウィンの祖父)は、今では急速に工業化が進むイギリス中部の景観のなかにまで伸びている諸運河の建築現場から発掘された化石の数々に感激した。また、彼は、動物が選抜育種を通して変化していくのを間近で観察していた。生物界は固定され不変であるという通説に疑問を投げかけ、エラズマスは一七八九年に発表した『ズーノミア（*Zoonomia*）』で、我々人類も単純な生物形態から進化した生物であると衝撃的な見解を発表した。

遺伝の政治学

遺伝に関する啓蒙期の考え方と、当時の政治状況に関連があったことに疑いの余地はない。そして、啓蒙期は、これまでになく貴族の正当性や彼らが選んだイデオロギーについての賛否が鋭く問われる時代となっていた。フランス革命の指導者アベ・シエイエスが一七八九年の小冊子で述べた有名な一説「特権階級の人々は、自分達を私達とは別の種のヒトだと考えている」というのは決して大げさではない。当時はまだヨーロッパ全土で、高い位に生まれた人々が、国政や軍の上層部、教会の最高幹部を独占していた。北アメリカのイギリスの植民地でも、はるかに控えめではあったが、ニューヨーク出身のエフライム・ペーンが「南部の権力者」は自分達のことを「優れた地位の動物」だとみなしていると語れる程度には、社会的不平等が存在した。

政治改革の提案者は、精神の特色は遺伝ではなく後天的に得られるとした人類平等論に飛びついた。一七五八年に哲学者のクロード＝アドリアン・エルヴェシウスは、すべての人間は「知力という平等の性質をもっている」と断言している（エルヴェシウスの著書は、パリの絞首刑執行人により燃やされた）。一七七六年には、アメリカの革命家が、「生まれや称号という自《うぬ》惚《ぼ》れ」はイギリス独裁政治の徴候だと糾弾した。フランス革命のジャコバン派は、貴族に馬車の紋章を塗りつぶさせ、家系図を抹消させたが、それは、ジャコバン派がそうした行為は貴族社会の象徴的な基盤に攻撃をしかける意味をもつことを十分に自覚していたからである。

　フランスでは大虐殺が起こったが、ヨーロッパの貴族制自体は無傷のまま次世代まで生き抜いた。この理由として、貴族が主たる土地所有者でありつづけたこと、近代国家においても重要な役割があったこと、そして社会的地位の上昇を望んだ人が、貴族という階層を残したまま、その地位を得ようとしたことが挙げられるだろう。この頃に人気のあった文学作品には、高貴な血筋を反射的にありがたがる風潮をさらけ出すものが多かった。作家達はこぞって、いつの時代も人気のある「みなしごの物語」のあらすじを繰り返し使って、貧しくても身分に比例せず高潔な少年が実は貴族の血族であったことがわかるという内容の本を書いた。たとえばヘンリー・フィールディングの『トム・ジョーンズ』の主人公トムは、奔放だが本質的に実直であり、最終的には大地主の妹の息子だったことがわかる。

一七七六年にアメリカで独立革命が起きても、植民地で成り上がった家族が、高貴な血筋というおとぎ話で自らの富と地位に箔をつける行為は止むことがなかった。たとえば、ジョージ・ワシントンは手紙を封じる際、先祖伝来の紋章を用いている。

啓蒙主義を最も推していた急進的な男性作家でさえも、その平等主義を女性にまでは及ぼしかねていたし、科学者は、専門用語をちりばめて、男性と女性は違うと言いはりつづけていた。フランスの博物学者ピエール・カバニスは、男性のほうが頑強な組織構造をしているため、知的にも道徳的にも女性より優れていると説明している。女性の作家は、そのような説明は論理的ではないと指摘した。オランプ・ド・グージュは、フランス革命を背景に、女性も何らかの公的地位に就くのに適していると認めるべきと革命政府に迫った（80ページ図8）。アメリカでも革命が進み、政治上の改革は、男性のみならず女性にも利益をもたらすようなものでなければならないと示唆されるまでに至っている。アビゲイル・アダムズは夫のジョン・アダムズに手紙を書き、女性がもつ実際の能力が反映されるように憲法を変えることを求めた。しかし、啓蒙時代は男女平等を求める声に応じた大きな変化を生み出さなかった。一七九三年十一月にド・グージュが処刑されると、ある新聞は「政治家」たらんと切望し、許しがたくも「彼女の性にふさわしい美徳を忘れ去ってしまった」と報じた。

図8　1793年に執行されたオランプ・ド・グージュの処刑

アビゲイル・アダムズの願いは、すげなくはねのけられたわけではない。だが、ジョン・アダムズは、奴隷や子供の反抗に似たものだと捉え、アビゲイルの訴えを適当にあしらった。

啓蒙主義の著述家たちが関心をもったのは、女性の政治参加の後押しではなく、子宮の規制であった。大きな進展が二つあり、政府が優生に関する法律を制定する計画も現実味を帯びてきていた。まず、だんだんと中央集権化する国家の指導者達は、競合する勢力に打ち勝つために、健康な労働者や兵士、船員が必要だと考え、人々の健康を促進する動きを徐々に強め始めていた。次に、啓蒙主義の知識人は、科学を応用すれば、より公正な社会を、より健康な社会を、そして、より合理的に秩序立った社会を確立できると確信し始めていた。ドイツの医師ヨハン・ペーター・フランクは、科学が国策を導くべきであるという見解をまとめあげている。これには、子供を産むべきなのは誰か、産んではいけないのは誰かの判別も含まれていた。フランクは一七七九年に「社会全体や全人類の運命に密接に関わる問題を凡人の管理に任せてはおけない」と書いた。しかし、フランクの野望からは何も生まれず、彼は奇人以外の何者でもなかった。

結婚に干渉せずとも、優生の目的は達成できると考える知識人も何人かはいた。恐怖政治の中、ロベスピエールの刺客から隠れている最中にも楽観的な性格は変わらなかったフランスの数学者・政治家のコンドルセ侯爵は、国家が人々の健康と教育をきちんと管理すれば、遺伝が改善されて、未来の世代はソクラテスのように賢く、モーゼのように長生きするだろうと書いている。コンドルセ侯爵は、「人間が完全たりうる可能性は、実に無限に大きい」と述べた。イギリスの経済学者で牧師のトーマス・マルサスは、農民がこうした考えに刺激され、現存する社会の序列を覆そうとするのではないかと恐れ、ヒトという種が悲惨さや早死にを避けられるようになる可能性は厳格に限られていると論じた。「世界が始まってからヒトの身体」はほぼ変わっていないことを挙げ、遺伝的進歩の余地はほとんどないとも断言している。

マルサスのような政治的保守派は、コンドルセの述べた「柔らかい」遺伝観に、「硬い」遺伝観で対抗したのである。「柔らかい」遺伝観は、種や胎芽の可塑性を信じ、希望に満ちた進歩主義を奉じるが、「硬い」遺伝観は、我々の基本的な性質はめったに変わらないと主張する。

民族性と人種

啓蒙思想の学者が民族の多様性について書き記したものにも、これまでの例と同じ様に、遺伝について競い合う考え方が組み込まれていた。文化の多様性を説明するにあたり、先祖をもち出すには及ばないという観念から、遺伝の違いは隔絶しており、それによって人種は分かれているのだとする思想まで、人々の考えは連続的な変異をみせるが、民族について論じた人達の遺伝観も同様にさまざまだったのである。

ドイツの医師ヨハン・フリードリヒ・ブルーメンバッハは、民族間の多様性を説明するにあたって、遺伝という概念はたいして重要ではないと考えた人々の典型例であろう。確かにブルーメンバッハは頭蓋骨を測定し、人類をコーカシア・アメリカナ・エチオピカ・モンゴリカ・マライカの五人種に分けようとしたけれども、肌の色など現地の環境によって容易に変わり、数世代で違ってしまう「ため、人種の違いなど、表面上のものにすぎない」とした。また、人種により知的能力が異なるという説もきっぱりと否定している。スコットランドにおける啓蒙思想の傑出した学者であるアダム・ファーガソンとアダム・スミスもこれに賛同した。ファガーソンやスミスは、人間社会が狩猟採集から進歩し、交易へ発達していく運命にあるという、古くからある既存の考えを洗練させ、すべての民族は、時を経れば、そして切磋琢磨すれば、そう遠くない将来のいつの日かに、ヨーロッパの白人と同じレベルまで達するだろうと予想している。

上記より一歩人種差別に寄った説では、人種は遺伝的にはっきりと異なってはいるのだが、生物学的に「改善」の余地があるとする。たとえばビュフォン伯は、緯度四〇～五〇度（ビュフォン伯自身の生まれたフランスが位置する）の間の「最も穏やかな気候」から離れると、白人種ではない先祖は、身体的にも精神的にも「退化」すると説明した。

そして、パリやトゥールーズの近郊に移動したとしても、「理想的な」人種に戻るには何世代かを要するとも予測している。当然のことながら、アメリカに居住している白人は、自分達が退化しつつあるという主張には、いささか神経を尖らせていた。小柄なアベ・レナールはパリで、ベンジャミン・フランクリンやトーマス・ジェファーソンらと夕食をともにした際、社交の場にそぐわないこの話題を持ち出した。ジェファーソンは、同席していた食事中のフランス人とアメリカ人達を立たせて、背中合わせに身長を比べさせた。勝ったのはアメリカ人であった。

ジェファーソンが、人種問題において啓蒙思想のリベラリストというわけではない。むしろ、ジェファーソン自身も奴隷を所有しており、非差別主義者から差別主義者まで順に並べたとき、自分は差別主義者の端に近いと位置づけている。著書『ヴァジニア覚え書』のなかで、白人と黒人には性質上「実際に差異」があるとジェファーソンは述べている。オランダの解剖学者ペトルス・カンパーは、ジェファーソンの推測を実証で裏づけようとした。カンパーは、収集していた頭蓋骨の顔面角〔大雑把に言うと、横から見たときに、耳と鼻を結ぶ線と眉間と鼻を結ぶ線がなす角度で、大きいほど顎が尖っている」を計測し、ギリシャ・ローマ時代のヨーロッパ人は顎が最も鋭角で、生まれながらに最も完璧に近いとした。カンパーいわく、アフリカ人はこの理想から最も逸脱している。カンパーの主張は、道徳的な良心の呵責を呼び起こすものが奴隷制にたとえあったとしても、それはごくごくわずかなものにすぎないとする学者たちから人気を博すこととなった。

人種・奴隷制・帝国

十八世紀には、白人ではない人々（以下、非白人と記す）とヨーロッパ人との接触の規模が劇的に拡大した。地球上のあらゆる地域の人々とヨーロッパ人が交流した豊富な記録からわかるのは、前章で触れた古代・中世・近代初期のパターンである。つまり、いつの時代も他民族の認知と待遇は、安全に交流できるか、また、買収・提携・吸収する価値があるかによって変わってきた。

暴力による支配が有益である場合、白人は男女を問わず、たとえビュフォンやカンパーの理論を聞いたこともなかったとしても、当たり前のように他民族を人間以下として扱う権利があり、自分達はどういうわけか秀でた遺伝をもっていると認識する傾向があった。特にアメリカ先住民に対する認知は、大抵ひどいものだった。北アメリカの白人は「先住民のインディアンの荒々しい風習を改めさせることなど、けっしてできはしない」と言った。スペインの知識人は、アメリカ先住民の「性質は四足歩行の動物並み」だと考えた。アメリカ先住民を人間以下とみなすこのようなイメージが、新世界のあるタイプの居住者にとって魅力的だったであろうことは容易に想像がつく。たとえば、ブラジル僻地のプランテーション経営者。彼らは、アフリカ人を買うことも調達することもできなかったため、そのかわりに捉えたインディアンを奴隷としていた。また、北アメリカに入植したイギリス人。彼らは、インディアン戦争で捉えたインディアンをキャロライナで奴隷として売ったり、西インド諸島へ送り込んだりしていた。そして、北アメリカの白人開拓移民や土地投機家。彼らは、イギリス当局が西方へ勢力を伸ばそうとする試みを押さえこむべく、つまり、とどまることのしらないイギリス当局の入植をアパラチア山脈で押しとどめるべく、「悪いインディアン」という比喩に飛びついていた。

　同じく十八世紀には、自身の地位向上のため、そして利益追求にかられ、サハラ砂漠以南のアフリカ人が非人道的に扱われるようになった。少なくとも六五〇万人のアフリカ人がひどく窮屈で地獄のような奴隷船に乗せられて大西洋を越え、農園で労働させられるためにアメリカ大陸に送られている。奴隷が生産する農作物の輸出に経済を頼っていたブラジル、カリブ海の島々、北アメリカの南部では、人種差別的感覚が強く奨励されていた（図９）。同情の気持ちもなく奴隷を酷使するのを正当化するために、白人は何の根拠もなく自分達との血液の違いに言及したり、奴隷を動物や生きていない物体と同等に扱ったりした。その一例として、一七九八年、ヌエバ・エスパーニャ（新スペイン）副王領の統治者が、地元で育てた牛とジャマイカ人の奴隷を交換した際、自分は単に「肉と肉の交換」に携わったにすぎないと記した覚え書きを挙げることができるだろう。

植民地の人々の人種差別は、残忍な制度の結果、悪化していった。大人数の若い男女を奴隷とした白人は、いつか復讐されるのではないかと常におびえて暮らすようになっていた。

このような警戒心を募らせた白人は「暴動、

図９　ブラジルの奴隷制の人種的階級。1816～31年にブラジルでの暮らしのさまざまな場面を描いたフランスの画家ジャン＝バティスト・デブレによる絵画

強奪、非人道的な行為」を「生まれつきしがちである」とアフリカ人を中傷した。北アメリカでは、奴隷による反乱への恐怖から、植民地を統治する上流階級の間に民主的改革の気運が高まった。貧困な白人層も、酷使されている奴隷と同じ理由から反乱を起こすのではないかと彼らは恐れ、下流階級の白人であっても人種的には上層なのだと認め、限定的にだが政治上の権利も与え、下流階級の白人と奴隷間に亀裂を生じさせた。これにより身分の低い白人も、自分達は本性上アフリカ人の奴隷とは基本的に違うという認識を段々と深めていくようになったのである。

白人の社会的・経済的支配が、非白人によって脅かされたときにもまた、奴隷をヒトではないとみなす勢いが強まった。この動きは特に、所有者が奴隷の女性との間につくった子供を奴隷身分から解放した際や、奴隷が自分達で農作物を栽培して売って、あるいは労働で熟練した腕を見せて稼いだ金で自由を手に入れたときに起こった。こうした脅威は、必ず人種差別主義者の反動をたきつけたのだった。

非白人を「合格」させても何の利益にもならないヨーロッパ系の人々は、アフリカ人やアメリカ先住民の子孫は誰もが、「冒された血」を永遠にもちつづけると主張し、あわてて「色素貴族主義」擁護に努め始めた。ヌエバ・エスパーニャ副王領やブラジルでは、階級を上昇できるカスタ（カースト）内人数を制限すべく、当局の権力者達は急いで、血の割合に関するいびつな用語体系をつくり出し、血統意識のにわか醸成にやっきになった。同様に、混血の人口の増加を抑えるために、北アメリカ諸州は異人種間の結婚に対して懲罰的な法律を可決した。北アメリカや西ヨーロッパで、クエーカー教徒や福音派の神学者、啓蒙思想の平等主義者などからの後押しもあり、反奴隷制運動が盛んになったとはいえ、非白人をヒトとみなさない扱いは、アメリカ大陸の至る所で、基本的に規範であり続けた。

先住民を征服して下位に置く力に欠けていた東方では、人種差別はそれほどの支配力をもたない状況が続いていた。インドでは、イギリスの東インド会社が巨大な帝国をつくりあげてはいたものの、地元の軍閥からの支持を確かなものとし、諸侯や商人・小作農民達による口出しを確実に控えてもらうために、民族性についてかなり控えめにしている必要があった。政治的に見たとしても商業的に見たとしても性的に見たとしても、ブリトン人とインド人の間にはほかの植民地にはない文化的歩み寄りがあったことを私たちは見出すことができるだろう。しかし、十八世紀の終わりまでに、東インド会社の地位が強くなる。そのときだけブリトン人は人種差別的な言語を使い始めた。こうした言葉遣いは、インドの人々に言及する際の、ヴィクトリア朝時代人の一般的用法となったのである

十八世紀における遺伝の概念には、変化した部分とそうでない部分がある。新たな変異がどのくらい容易に獲得されるか、あるいはどのくらい容易に消滅するかについての意見

は分かれたものの、大学の育種家や職業育種家たちは、遺伝の技術的研究をかなり進展させた。博物学者もまた、遺伝の変化は長い時間ののち、動植物種を変化させていく可能性に気づき始めていた。

しかし、遺伝という概念をジェンダー・階級・人種問題にあてはめようとする人々にまで、注意深い科学的探求心が浸透することはなかった。人間の違いについて啓蒙思想的な考え方が、同時代の社会的・政治的潮流に従っていたありさまは、前世紀のそれとまさに寸分の違いもなかったのである。

5

十九世紀の遺伝

遺伝に関する考え方の歴史において、十九世紀は際立った時代である。生命科学は驚異的な進歩を遂げ、また、ジェンダー・階級・人種の性質について、対抗する見解をもった人々の争いが激化した。顕微鏡が格段に進歩し、生物の研究所がつくられ、動植物の育種で事細かな実験ができるようになり、遺伝の科学的研究は多大な恩恵を受けるようになった。しかし、女性・非白人・社会的下級階層を精神的に劣っていると決めつけて卑下する傾向をもつ時代にあって、ヒトに関する科学は、イデオロギーに訴えるところの大きい、まがいものの信念に従いつづけたため、この時代もあまり進歩しなかった。

植物学者

実のところ、十九世紀の初めにはまだ、種《たね》・卵子・精子のなかに何が含まれているのかは不明であった。しかし、研究対象となる生物の種類を選ぶ際、幸運に恵まれれば、遺伝のパターンについては、何かしら学ぶことができた。そして一八〇〇年代初めに、植物育種家が重要な新たな洞察を示し始める。イギリスのトーマス・アンドルー・ナイトは、リンゴ・洋ナシ・プラムの木のさまざまな品種を交配させ、より耐寒性をもつ交配種をつくることを試みた。続いてドイツの植物学者カール・フリードリヒ・フォン・ゲルトナーは七〇〇種類もの異なる植物を交配させ、二五〇種類の交配種をつくった。ナイトもゲルトナーも、二種類の交配種植物がさらに掛け合わされたとき、一定数の子孫は、直の親種である交配種の特徴よりも、それぞれの先祖となる種類に似た外形の特色を有しているのを発見した。

　交配種は親種の特色を一貫して維持するわけではない。元のタイプの植物に見られる特色はどうやら、次世代の交配種には見られないが、さらに次の世代に表れてくるようだった。これで全貌を把握できたわけではない。ただ、植物学者には遺伝の顕性の法則と分離の法則が少しずつ見えてきたのである。まずシレジア人の司祭グレゴール・メンデルが登場する。メンデルは小作農民の息子として生まれ、強い信仰心はなかったものの、経済的に困窮し切迫していたため、一八四三年にブルノの聖アウグスティヌス男子修道院に入る。そして教師となり、自然科学を学ぶためウィーン大学に送られた。ブルノに戻ったメンデルは、交配種を掛け合わせると新種ができるというカール・リンネの仮説をおそらく意図的に再現しようとして実験を開始した。メンデルが実験の材料としてすっきりと単純な遺伝子をもつ可食のマメ植物を選んだことは大きな幸運である。先人同様、メンデルも純系の植物を栽培し、それから交配種をつくった。そして、鞘の形と色、種の形と色、花の位置と色、苗木の高さという七項目の特色を調べた。

ある日の実験で、メンデルは表面に皺がある種《たね》をもつ木と、皺のない種をもつ木を交配させた。最初にできた苗木（F_1世代）の種には皺がなかった。この結果により、メンデルは何らかの法則で皺がない遺伝子が「顕性」となり、皺がある遺伝子は「潜性」となると推測した。

次にメンデルはF_1世代の木を人工授粉する。メンデルの偉業は、これらの交配の結果には一貫した数値的なパターンがあると気づいた点に認められるだろう。平均すると、皺ありの種をもつ木が一本に対して、皺なしの種をもつ木は三本できた。ほかの特色でも同じ実験を繰り返し行い、メンデルは３：１という比率を見つけた。そして、皺なし種の木と皺ありの種の木の３：１という比率の内実は、純系の皺なし種の木一本、交配種二本、純系の皺ありの種の木一本だということも理解していた。また、このパターンを最もよく説明できるのは、それぞれの形質は互いに区別できる「要素」の結果であり、一つの生殖細胞に入り込むことができるのは、それらの要素のうち一つだけであるという仮説に気づいていた。

言い換えれば、皺なしと皺ありの要素は、（現代の用語でいう）「配偶子」が形成されるとき、何らかの法則によって互いに混じり合うことがないようにできている（図10）。３：１という比率は、二つの交配種がさらに交配された場合に生じる。そして四分の三の確率

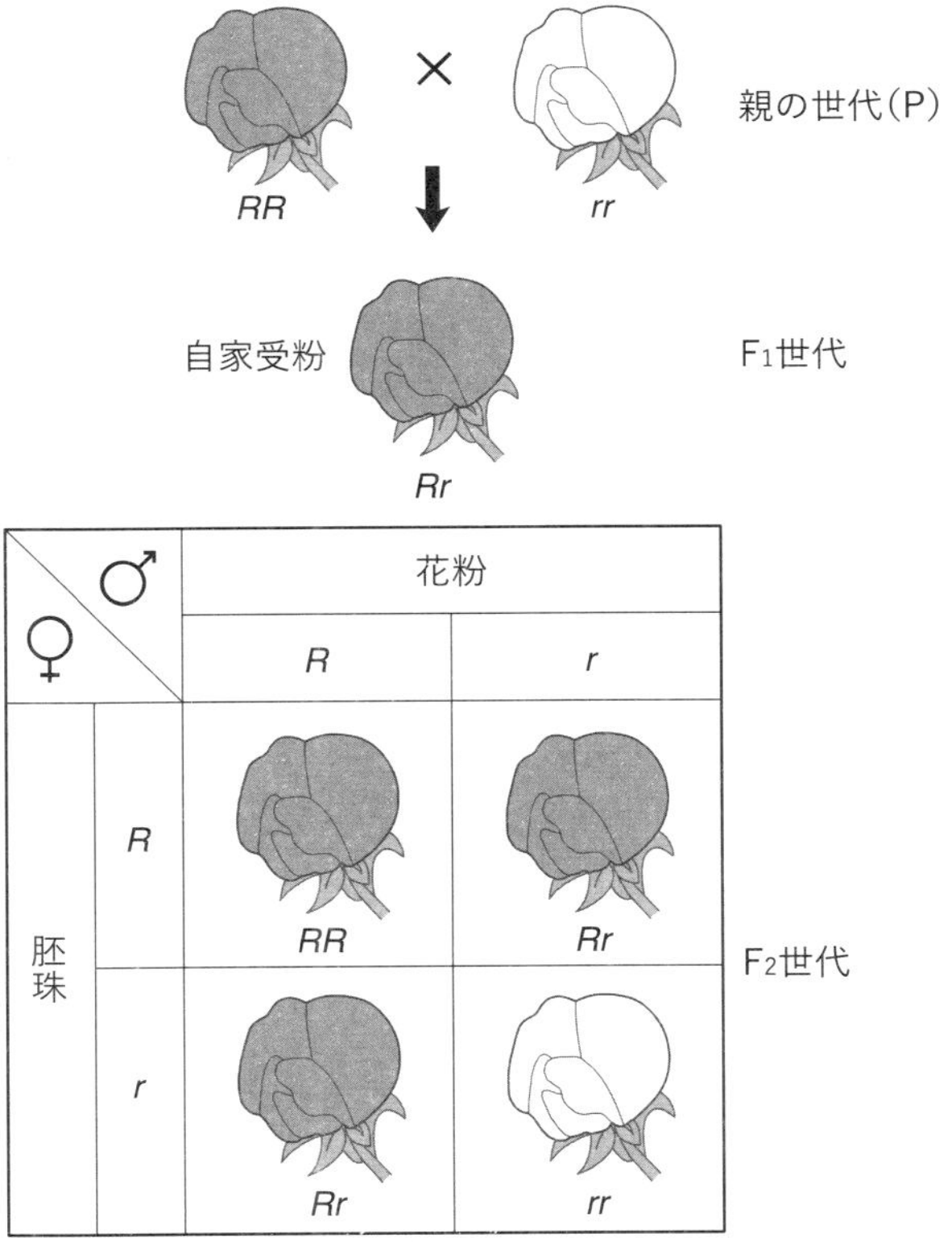

図10　グレゴール・メンデルによる遺伝の法則の現代版図説。この図例では、紫色の花をつける遺伝の「要素」が、白い花をつける「要素」より顕性であることを表している。その結果、白い花は新しい苗の細胞が紫色の「要素」を含まない場合にのみ表れる。

で種から新たに成長した苗は顕性の特色の要素を含み、四分の一の確率で潜性の特色の要素のみが含まれる。

後者の場合のみ、潜性の要素が発現する。メンデルはこれを分離の法則と呼んだ。また、苗木の高さ、種の色、皺の有無という形質は別々に受け継がれることもわかった。つまり、背の高い苗木がつけるのは、皺ありの種かもしれないし、皺なしの種かもしれない。皺なしの種は、緑の場合もあれば、黄色の場合もある。親のもつ形質をこのように子孫がランダムに発現するのが独立の法則である。

研究結果を裏づけるため、メンデルはおよそ2万9000株のマメの苗木で実験を行い、『雑種植物の研究』を書きあげて、一八六五年の春にブルノ自然誌協会で発表している。この論文は翌年出版されたが、評価されなかった。というのも、食べることのできるマメは、植物の典型例などとはまったく考えられず、これが大きな理由となって、メンデルの論文の重要性を悟った人がほとんどいなかったからである。その後、メンデル自身、確かな結果が得られるマメから、扱い慣れていない植物へと研究材料を変えたが、それらについてはもはや3：1という整った比率は適用できなかった。その頃までに、メンデルはブルノの男子修道院長に就任しており、植物の研究からはほとんど離れていた。その後一九〇〇年頃までメンデルの研究の成果が注目を浴びることはなかった。

柔らかい遺伝・硬い遺伝

その一方、種や胎芽の可塑性についての議論は、すぐに解決される見込みのないまま放置されていた。母親の想像が種や胎芽に影響するという説は、以前にも増して大きな懐疑を呼んでいた。一八三九年にニューヨークの衛生学の教授ケイレブ・ティクナーは、この説に対して「ほとんどの人が非常に不条理だとあざ笑っている」と述べている。しかし、一八八九年になっても、母親の気持ちが胎児にイメージを伝達する力をもつという説は多くの証拠によって裏づけられているとヴァージニア大学の産科学教授が主張している。この考えは一般大衆の間でも人気があった。「エレファントマン」として知られるジョセフ・メリックの身体が極度に変形したのは、母親が彼を妊娠していたときに見世物広場のゾウに襲われ恐怖を感じたためだと多くの人が信じていたのだから。

この時代はまだ、子供の外形を決める大きな役割を担うのは、両親の行動や環境因子への暴露だとする古くからの発想の枠内に滞まっていた。チャールズ・ダーウィンは一八六八年に『家畜・栽培植物の変異』を執筆したとき、当然のごとく、後天的に獲得した身体的ないし精神的な性質は、少なくともときどきは後世に受け継がれることがあるとみなしていた。ダーウィンの「汎発生（パンゲネシス）という暫定版仮説」は、ヒポクラテス説をはっきりと支持して、体内にあるすべての細胞は「極めて小さい微小体あるいは原子」――ダーウィンはこれを「芽球（ジェミュール）」と呼んだ――を放出しており、ジェミュールは生殖腺で集合し一緒になって、新たな生命となっていくと説明した。ダーウィンは、こういう仕組みで両親の体に生じた変化が子供に受け継がれるという。

もちろん、医者は常にこの論理を受け入れてきた。疾患をもった肺、痛風の関節、精神異常の脳は、欠陥のある種をつくり、病気を発現する素因を次世代に伝えてしまうと医者は述べる。セックスや酒に溺れる者の子は、身体や精神に深刻な損傷をきたす恐れがある。かくして、末代までも子孫の健康に害を与えることになる。「父親の罪」は「子に報い、子の子に報いて」〔出エジプト記34：7〕という形で巡ってくるという聖書の警告を、生理学はどうやら裏づけていたようだ。マサチューセッツの医師サミュエル・グリドリー・ハウは、メイフラワー号の清教徒の信条を多分に含んだ言葉をこう書き残している。「あらゆる不摂生が」病気の子供ができるという形で、「必ず悪い結果を伴うことを、生理学者が人々に教えるように仕向けよう」。

博物学者が遺伝をどう考えるかは、進化という理論をどう捉えるかで大きく異なってくる。一八〇〇～一八〇九年のあいだ、後天的な獲得形質は継承されるという前提のうえに進化論は成り立っていた。ラマルクの理論は神への冒涜だし、科学的にも信憑性がないと考える博物学者は、獲得形質の遺伝という考えに刺激を受け、進化による変化の可能性を否定しさるために、彼らの遺伝観念を定義しなおすようになった。

高い評価を受けていたフランスの解剖学者ジョルジュ・キュヴィエ男爵は、ラマルクへの賛美に対して悪意に満ちた中傷を投げかけている。彼は進化を否定するため、まず、カイロのピラミッドでフランス人考古学者によって発見されたミイラ化した動物は、現存する同種の動物と構造がまったく同じであることを一八二九年に指摘した。そして、新たな変異が生じたとしても、固定されている一定の幅、狭い限界を越えてそれが増大することがないように制限する生理学的な機構があるに違いないと結論づけた。しかし、ラマルクの理論の信憑性は時を経るごとに高まった。岩石層と、そこに閉じ込められた独特な化石に見られる証拠が、地球の長い歴史のなかで古い種類の動植物が新しくなっていることを裏づけたのである。そして、サメ・ニワトリ・ブタからヒトに至るまでさまざまな種類の動物が胎生の発育において早い時期に類似した段階を経ていることもわかった。動物は原始的な共通の形から進化したのではないかということを、これはほのめかしていた。

ダーウィンは、一八三一〜一八三六年に世界周航した英国軍艦ビーグル号に乗船し、見聞を広めたことで進化論を支持するようになった。ダーウィンは、一度に何週間もかけて浜辺で標本を集め、現存するナマケモノ・ネズミ・ゾウ・ラマにとてもよく似たそれぞれの化石を発見した。ガラパゴスマネシツグミは（フィンチよりも）大きな役割を果たしている。ダーウィンは、ガラパゴス諸島が極めて最近火山の活動によってできた島であると知った。そうなると、その島にそれぞれ固有種のマネシツグミが存在していることで疑問が浮上する。神はわざわざ一つ一つの島に降臨して違う種のマネシツグミを創造したのだろうか。この疑問に対して最もすっきりと腑に落ちるのは、マネシツグミの先祖となる鳥がまず南アメリカから飛来して島に棲みつき、子孫はそれぞれの島に適応して異なる形になっていったという考えであった。

ダーウィンは、進化による変化を起こすかもしれない機構についてああでもないこうでもないと熟考している間、自らの科学上の異端説を秘密にしていた。前述したとおり、後天的な獲得形質が受け継がれるという理論を、ダーウィンは決して疑わない。しかし、遺伝する変異の起源について考えをさらに押し進めた結果、ダーウィンはすぐにラマルク理論を逸脱することになった。ダーウィンは、飼育家が「変種（スポーツ）」と呼ぶ遺伝性のランダムな変化がときどき起こるのを知り、その大半は（当該個体にとって）有害な変化であるが、ときどきぽつりぽつりと有益な変化も生じるのではないかと推測している。

そして一八三八年九月にダーウィンは、トーマス・マルサスの『人口の原理』を読んだ。著者である陰気な経済学者は、人口増加と限られた資源供給に永久の不均衡があるため、悲劇と死が自然の結果となると主張していた。準備万端な心は示唆に対し、打って響くように反応する。ダーウィンは素早くそのような食糧難が進化をもたらすと感づいた。もし食料の供給が間に合わないほど多くの人間が生まれれば、そしてもし生物体の遺伝性適応力がそれぞれ異なっているとしたら、ある系統とほかのそれとのあいだで生存競争が始まり、何らかの系統がほかに先んじて生き残るようになるだろう。ゆっくりと有益な遺伝性変容を重ね、動植物は時間をかけて変化していくはずだ。ダーウィンは一八五九年に『種の起源』を書き終えるまでに、野生の個体群に見られる変異の大きさは、こうした「自然選択」を絶えず生じさせるほどの規模だろうという結論を得ていた。つまり、自然選択とは、絶え間ない命の争いを勝ち抜くために身につけた対応力に応じて、生物を破壊したり、保存したりする作用のことなのである。

　遺伝と進化についてのダーウィンの理解には、新旧それぞれの特色がある。まず、先人達のようにダーウィンは、遺伝的な変異を、身体と外的な環境因子の間の相互作用にまで辿っていく。ダーウィンは、環境因子の「間接的な影響力」について語る。環境因子は「生殖器官系」に影響を与え、この影響によって卵子や精子がつくられる過程が正常に進まないようになり、その結果、生殖細胞や胎芽が両親のタイプから逸脱するのだろうとした。しかし、一点だけダーウィンがこれまでに進化を論じた学者と異なるのは、環境因子によって引き起こされる変化のほとんどがランダムだと考えた点だ。そして、新たな変化が生物体にとって有益となるのは、まれでしかないと彼は論じている。

『種の起源』が出版された一八五九年頃までには、進化という概念は以前に比べはるかに急進的ではなくなっていた。優れた社会学者のハーバート・スペンサーを始めとする著名な学者達は、進化論に賛同し、これを広めた。また、アルフレッド・ラッセル・ウォレスも同様な理論に到達していたため、ウォレスとダーウィンの論文は一八五八年にロンドンのリンネ協会の会合で一緒に発表されている。そして、ビクトリア時代を生きる多くの人が、人間は直立の類人猿だという主張をはねのけたが、まもなく博物学者の大多数が種の変容についての圧倒的な証拠に屈服した。

とはいえ、ダーウィンが論じるランダムな遺伝性の変化と自然選択の原理を受け入れる人はあまりいなかった。多くの人が後天的な獲得形質の継承により進化が起きるという考えを支持した。というのも、彼らは生物体が能動的に自らを環境に順応させていると考えるのを好んでおり、獲得形質の機構の方がそうした好みにふさわしかったからである。こう考えたほうが、進化ははるかに恵み深く、効率よく見えたのである。穿った見方をすれば、ラマルクの述べた、自然は「進歩しようとする傾向」をもつという考えは、神の善意による計画の展開とも解釈できたのだろう。

硬い遺伝、前面に

ラマルクの述べた進化論は人気があったにもかかわらず、硬い遺伝を裏づける証拠が多く出始めた。当時、血統正しき犬の飼育繁殖が流行ったが、そうした飼育繁殖熱は、流行の間、上流階級の馬の飼育家がすでに学んでいたこと――遺伝する形質は変わらずに何世代も継承されるという観念――を中流階級に広めるきっかけになりつづけた。ドッグショーのクラフツは一八七三年に始まったが、そうしたショーの参加者はほとんどが、「劣った」品種の血が混じるのを防げれば、犬種の高品質な特色を信頼度高く次世代につなげることができると確信していた。

ヨーロッパ人によって無秩序に広げられた帝国のさまざまな地域で、かつてない機会に恵まれ、動植物の飼育および変異の研究に預かっていた科学的な育種家の間にも、柔らかい遺伝についての同様な疑いが強まった。ある地域に棲む動物や植物は、多様な気候に自然に順応するかどうか、また、その自然な順応は、外国産の種《しゅ》を自国近くに移しても、利益をもたらしてくれるような性質のものかどうかを動植物学者は知りたかった。パリの「アクリマタシオン庭園」では、それぞれの動植物の生物学的形状が「フランス化」してくれることを期待して、博物学者達がアルパカ・ヤク・キリン・カンガルー・ゾウ・ラクダ・

カバなどの動物および数千に及ぶ植物を育ててみた。しかし、遺伝の柔軟性についての彼らの想定は、古臭くてぼろぼろだとわかるまでにそう長くはかからなかった。外来種の動植物の遺伝はまったく変化を見せなかったのだ。

　十九世紀最後の四半世紀、後天的な獲得形質が継承されるかどうかを調べるため、多くの研究者がさらに組織立った研究に着手した。一八七〇年、イギリスの科学者フランシス・ゴルトンは数十羽の白いウサギと灰色のウサギを用意し、色の違うウサギの頸動脈に管を通して輸血実験を行った。もしダーウィンのいうジェミュールが存在するとしたら、白いウサギの子孫には灰色の毛、反対に灰色のウサギの子孫には白い毛が交ざるはずだとゴルトンは考えた。しかし、毛の色は交ざらなかった。この結果からゴルドンは、後天的に獲得された形質は、あったとしてもわずかな役割しかもっていないだろうという結論を導き出している。一八八〇年代にドイツの生物学者アウグスト・ヴァイスマンは議論を一歩前進させた。ヴァイスマンは「生殖質」すなわち遺伝の要素は、ほかの身体の部位とはまったく別に分けられており、何世代にもわたって手つかずのまま受け継がれると主張した。ヴァイスマンは何百世代にもわたってネズミを飼育し、しっぽを切りつづけてみた。しかし、そのネズミたちからしっぽの先が欠けたネズミは生まれてこなかった。この実験結果こそ、生きている間の経験は、子孫に受け継がれる要素にまったく影響を与えないことの明らかな証拠だと彼は宣言している。

重要なのは、ヴァイスマンが柔らかい遺伝を否定したことであろう。これは、ドイツの国家予算で運営されていた研究所で、顕微鏡学者たちが受胎の理解に多大な進歩を示してきた数十年の積み重ねのうえになされた。一八三〇年代後半、高性能の複合レンズを備えた顕微鏡を使って、ドイツの研究者マティアス・シュライデンとテオドール・シュワンはすべての生物の基本的な機能単位として細胞を特定した。十九世紀半ばにポーランド系ドイツ人のロベルト・レーマクとドイツ人のルードルフ・フィルヒョウは、全ての細胞は以前に存在していた細胞から分かれてつくられることを実証した。この新しい「細胞説」は、生殖がどのようにして起こるかを研究する際、重要な影響力を発揮することになった。カエルの卵を分析していた生物学者は、今や、雌の卵が一つの細胞であることを示せるようになった。精子もまた細胞である。その後、卵子の外層に頭から突っ込んでいく精子の様子が観察されるに及び、単なる寄生虫であるという仮説を支持する生物学者もいなくなった。ただし、精子のはっきりとした機能がすぐに解明されたわけではない。指導的生物学者の中には、精子は卵子の外部に滞在しつづけ、「内的運動」――アリストテレスのプネウマの名残――を、卵子のなかに存在する原子に伝えるのだろうと考える者もいた。

十九世紀終盤の三十年で、遺伝を理解するにあたって、とてつもなく重要な発見が三つなされた。まず、地中海に生息するウニの研究をしていたドイツの動物学者オスカー・ヘルトウィヒが一八七〇年代に、受精の過程には実際、卵核と精核の融合が含まれることを示した。次に、精度のよくなった顕微鏡と新しい染色技術により、現在では染色体と呼ばれる細い糸を生物学者が目視し、「有糸分裂」すなわち体細胞分裂の驚異的な過程を研究できるようになった。顕微鏡の接眼レンズを覗きこんだ研究者は、染色体が厚くなり、二つに分かれて細胞の両端へ移動し、その間に膜がつくられるのを観察できるようになったのである。かくして、最初は一つだけだった細胞が、分裂後、それぞれの細胞にまた元の細胞と同じ染色体一式を含む二つの細胞となる。最後に、生殖細胞の研究により、始めは体細胞の染色体の半分しかもたない卵子と精子が、受胎のとき物理的に一つになり、完全な染色体をもつ細胞が完成することが明らかになった。

この三つの発見では、まだ染色体が遺伝の要素であることは証明されていない。個々人の染色体が一人ひとり異なっていることもまだわかっていない。しかし、二〇世紀に入ると、ドイツの生物学者テオドール・ボヴェリが、それぞれの染色体は遺伝要素を運ぶ役割をしていることを強く示す実験を行っている。ウニの胎芽には三六本の染色体がある。そこでボヴェリはさまざまな数の染色体をもった胎芽をつくるように配偶子を操った。そして標準的な数である三六個の染色体をもった胎芽だけが、何とか生存能力のある生物体に生長できることを示した。通常の発生には、正しい数の染色体が必要なだけではなく、それぞれの染色体は異なる不可欠な役割を果たしており、新たな生物個体を成長させるには、正しい組み合わせの染色体も必要なのだろうとボヴェリは推論した。不明瞭な部分もまだまだ多かったが、染色体がある世代から次世代へと性質を伝える安定した実体であることを示す証拠がますます増えていたのである。

遺伝・貧困・優生学

新しい生物学で技術が洗練されつつあったにもかかわらず、精神的形質の遺伝についてビクトリア時代の科学者が言うことは、まず従来のイデオロギー内にとどまっていた。上層の職業に就いていた者——科学の著述家はほとんどここに属していた——は、自分達のことを、知的であり道徳的に正しいカーストに属していると考える傾向が特にあった。フランシス・ゴルトンは、一八六九年の『遺伝的天才（*Hereditary Genius*）』のなかで、何百もの優秀な人々の家系を照合し得るデータに基づいて、知性は極めてしっかりと遺伝により受け継がれることを示したと主張した。彼は、エリート級の脳をもつ者同士を近親交配させればできるかもしれない「天才の銀河」についても書き残している。

ゴルトンを始めとするこの時代の学者達はまた、産業化と都市化によって底辺層が増えてしまったことに焦りを感じていた。ロンドンのイーストエンド、ニューヨークのファイブポインツ、パリのモルテルリー通りといった「伝染病に満ちた貧民窟」に生息する者達によって、地主階級の多くは不安に満たされた。増えつつあった有権者層は、社会的に最も低い階層の人々を、本質的に怠惰で怠慢な傾向をもち、永遠に文明化されないと見ていた。ハーバート・スペンサーは、貧困層に対して施しをするべきではないと主張している。貧困層が早く死に、その有害な生物学的特性が墓場いきとなるように。貧困層は上流階級の人々よりも多く子供をつくると人口統計学者が発表したことにより、このような容赦ない侮蔑はさらに強まった。イェール大学教授ウィリアム・グレーアム・サムナーは、「適者生存の法則」が働かない場合、「不適者の生存」が実現されてしまうと警告した。

人種の衰退に歯止めをかけられるのは国家が強いる優生のみだと考える学者もいた。優生学者達は「消極的優生」も「積極的優生」も押し進めようとした。消極的優生とは、不適応者が子供を産まないようにすることであり、「積極的優生」とは、能力が明らかに高い人にもっと子供をつくるような動機を与えることをいう。優生は十九世紀の終わりまでに広くいき渡った。ドイツでは、医師のウィルヘルム・シャルマイヤーが優生を推進し、慢性的な病人および「知的欠陥をもつ貧乏人」というお荷物を国家から取り除くことを主張した。

深刻な欠陥をもった者には子供をもたせないことだと彼は述べている。

性・ジェンダー・生物学

一八〇〇年代の生物学者もまた、男女の能力差は先天的なものだという古くからの想定を受け入れていた。女性に向くのは生来、頭を使わない労働だけだと男性の科学者は断言した。平均的に女性の脳は男性に比べるとおよそ一四〇グラム軽く、それゆえ、理性を働かせるための脳内物質が少ないという理由からである（図11）。また、女性は、生まれつき備わった豊かな情動によって、家事や育児を果たすようにできあがっているのだとも

図11　ジョージ・クルックシャンク『我が妻には知性がある』は、教養のある女性は自然の秩序を乱すという、人々に人気のあった信念の一例である。サングラスをかけた女性が暗示しているのは、女性が勉強をしすぎると健康が損なわれやすくなるという医学的な俗説だ。1847年の漫画年鑑 *"The Comic Almanack"* から。

述べている。同じく、女性には強い感受性が備わっているという理由で、多くを求める女性は自らの健康を害し、人類の未来を危うくすると医師達はつけ加えた。

ハーバード大学医学部教授エドウィン・C・クラークは、一八三七年に、高度な教育を求める女性は不妊・病弱・精神障害・貧乳になりやすく、去勢されたがごとくセックスにも無関心となり、困難に打ち勝って何とか妊娠したとしても、遺伝的に障害のある子供をもつ傾向にあると記した。

このような「科学的な」主張は、ビクトリア時代の中上流家庭でもっぱら女性が家事を担っていたことと、妻が家庭の外に出て働く必要がないことが、高い社会的地位に密接に関係するようになっていた事実を明らかに反映している。そして、この思想に賛同する教養のある秀でた女性さえ存在した。一八五五年に『北と南』を書いたイギリスの作家エリザベス・ギャスケルは、女であることを「天使のような*ガチョウ」になぞらえている。

しかし、生物学の女性嫌いに異議を唱えるフェミニスト運動が盛り上がりを見せた。そうした運動は、慈善活動に先陣を切って取り組み、しかるのちに、職業上の権利や政治的権利を求める強い希望を展開する女性達によって率いられることが多かった。教育を受ける女性が急激に増えたこともこの流れを強めた。一九〇〇年までにアメリカで大学に通う学生の37%を女性が占め、そうした女性の多くは、男性への服従を求める法的・社会的・

政治的な制度を受け入れる気などありはしなかったのである。イギリスでは、哲学者のジョン・スチュアート・ミルとパートナーのハリエット・テイラーは、「男子ではなく女子として生まれた」ことで「人生における地位」が決まってしまうべきではないと述べた。また、一八四八年にニューヨーク州のセネカ・フォールズで開かれた〔世界初の女性人権〕会議で、アメリカの女権活動家エリザベス・キャディ・スタントンは、男女の脳の違いを示唆する解剖学上の主張を単なる「戯言」であると退けている。そして、人種的に不利な立場にある不遇のうえにさらに、女性差別によってさらに低い立場に置かれている奴隷の女性を懸念して、アフリカ系アメリカ人の女権活動家であるソジャーナ・トゥルースは、女性は弱くて頭が悪いとする見方を非難している（112ページ図12）。トゥルースは一八五二年に、「私は耕し、収穫し、皮をむき、刻み、刈ってきた。これ以上のことができる男性はいますか？」と述べた。

＊　ハトは平和を、スワンは高貴さを表象するが、ガチョウは「間抜け」を意味する。

図12　アフリカ系アメリカ人の奴隷解放および女権活動家ソジャーナ・トゥルースの写真（1870年頃）

科学的人種差別

民族グループ間の本質的な違いに関する十九世紀の学者の見解は大きく分かれた。一八〇〇年代の初頭には、肌の色のような身体的特徴が一世代で変化すると考える人はほとんどいなかった。アメリカの学者サミュエル・スタンホープ・スミスは、人が理性を手放さずになり得る環境論者の極北であった。スミスは、以前奴隷であったヘンリー・モスが一七九二年にフィラデルフィアへ移ってから肌の色が白くなり始めた例を強調する。スミスはモスの事例を、黒人も白くなり得る証拠だと解釈した。より弱い日光に当たり、自由と「文明化」がもつ「人間を向上化させる」効果に晒されれば、たとえ通常は一世代よりも長い時間を要するとしても、黒人は白くなり得るのである。スミスのような奴隷制反対者は、（どのような人種であっても）生物学的に*「ヒトという単一の種に統合されている」ことを証明しようと試みるにあたって、こうした環境論に準じた仮説を用いた。環境論者は、各「人種」の心的能力は事実同等である、あるいはあり得ると主張する傾向にあった。「黒色人種は私たち白色人種の兄弟」だと、イギリスの博識な科学者ウィリアム・ヒューウ

＊　スミスの議論には、白い方が黒いよりもよいとする想定の余地が残されており、究極の環境論とは異なる。

エルは結論づけた。ヒューウェルによれば、黒色人種は自分と「同じ心的能力をもち、自分達と同じ愛情をもち、行動の仕掛けをもっている」。また、ヒューウェルは鋭敏にこうつけ加えている。アメリカを乗っ取った残忍な入植者は、「黒色人種も人としての能力があることを知っていた。しかし、黒色人種を奴隷にすることを正当化するために、能力がないと言い張った」。

博物学者の多くは異議を唱えた。ジョルジュ・キュヴィエは白人の「洗練された」資質を称賛し、すべての人種は幾分かヨーロッパの白人種よりも劣っていると主張している。そして、ラマルクへの反論と軌を一にして、時を経るにつれ、遺伝的な改善が起こるとする説を否定する。アメリカの科学は、何百万人という黒人奴隷の汗と苦痛によって国家が経済的に潤った国にふさわしい民族史を生み出したのである。フィラデルフィアの医師サミュエル・モートンは、さまざまな人種の頭蓋骨を測り、脳の大きさを計算したことで知られている。

計測する際に、ある特定のタイプの頭蓋骨は計測対象に含め、ほかのタイプの頭蓋骨はそうしないといった非常に主観的な判断により、モートンのデータは、コーカソイド（白人種）が頂点に立つ序列が確実になるように調整されていた。また、モートンを崇拝していたジョサイア・クラーク・ノットとジョージ・グリドンは、アフリカ人には「奴隷制という防御服」が必要なのだという彼らの持論を擁護するために、解剖学的データを捏造している。ノットとグリドンは、キリスト教信者の通説となっている「現生人類単一起源説」を否定した。これはすべての人類が共通の先祖をもっているとする説である。代わりに、人種はそれぞれの異なったアダムとイブを先祖としてもつのであって、ヒトという種族はいくつかの別々の種から成り立っているという対抗理論、すなわち「多元発生説」を好んだ。

ヨーロッパにはヨーロッパの「多元発生論者」がいて、やはりキャリパー〔頭蓋骨を計測する機器〕を駆使して、「生物学的にはっきりと区別ができる人種が存在し、それらは平等ではなく、歴史とはそうした人種同士の交流の結果なのだ」と論じていた。スコットランドの外科医ロバート・ノックスは、「人種すなわち遺伝上の由来がすべてなのである。それが人を決める」と断言した。フランスでは、ゴビノー伯爵が一八五三年に発表した『諸人種の不平等に関する試論』のなかで、白人の優位は永遠に続くと主張した。ゴビノーは「文明を伝播させることはできない」とし、「アーリア人種」はどんな犠牲を払ってでも他人種と結婚すべきではないとも断じている。

人種・奴隷制・植民地化

学問の世界以外に目を転じても、同じように多様な意見が飛び交う光景を私たちは見出すだろう。ただ、他民族に対する学界の態度は、手を差し伸べるにせよ、危害を加えるにせよ、格別な力が込められていた。まさに以前の数世紀と同じく、支配力をもつ民族が他民族を搾取したい、あるいはいい職業に就く競争圧を減らしたいという意向がある際にはいつでも、「上流階級と庶民」を区別したがる態度が増大していった。一七九三年、北アメリカで綿繰りをする機械が発明され、「奴隷を使用する」綿の栽培で富を蓄積しようと企てる南部人があまりに多くなると、人種的平等を受け入れる気運など吹き飛んでしまった。また一八〇〇年代後半、南アフリカのウィトウォータースランドで金、キンバリーでダイヤモンドが発見され、多額の利益を生む採掘坑が建設されると、白人の組合によって、白人と黒人の間にある違いは生物学的に固定されたものだという主張がなされ始める。技術を要し、それゆえ賃金の高い仕事に就こうとするアフリカ人の夢をもみ消すためである。

白人の侵入を防ごうとした現地人は必ず、イデオロギー上ヒトとして扱われなかった。

『オズの魔法使い』の作者L・フランク・ボームは、「まつろわぬスー族」など、「地表面から排除されるのが適切だと」考えていた。オーストラリアの先住民アボリジニは、入植者に容赦なく射殺され、日常的に動物と同等に扱われ、先祖から伝わる大切な土地を牧羊のために奪われた。裕福な牧畜家ジェームス・マッカーサーの発言には、人種に対する利己的な論理が満ちあふれ、したたりこぼれるほどであった。「値打ちのない怠惰なアボリジニは、価値もわかっていず役立て方も知らない土地から追い出され、より高貴な人種に席を譲ってきた」。

十九世紀半ばにケープ植民地に到着したG・R・ペッパーコーンという名のブリトン人は、南アフリカでもこうした動機が働いていることに気づいていた。そして、入植者がズールー族を「改善の余地のない野蛮人」として描き出そうとするのは、「人間としての生まれながらの権利を奪おうとする者による中傷であり口実に過ぎない」と述べている。

現地人が遺伝的に劣っているとみなされる度合いは、いつだってそうなのだが、相対的なパワー・バランスに影響される。イギリス領インドで、諸民族に対する態度を決める大きな要因となったのは、植民地支配に関する不安であった。イギリス人がインドの広大な土地と人口を支配するには、現地の人々の協力が必要になる。しかし、非常に多くの白人エリートが恐れたのは、一定以上の優遇は、白人の権力を不安定にしかねないことであった。特に一八五七～一八五八年に起きたインド大反乱以降、不安になったブリトン人は、インド人を人種的軽蔑のもとで扱うようになった。時にその姿勢はインドを効果的に統治する妨げとなる。一八八三年に、適任のインド人は治安判事として活動できるという法案をインド政府がイギリス議会に提出した際、法案は下院である庶民院で骨抜きにされて終わった。ある下院議員は、インド人に対して、ブリトン人のもつ「生まれつきの優越感」を叱責することなど、してもらわなくて結構だと述べた。

一方ほかの局面では、植民地主義と奴隷制を正当化するために使われてきた、ヒトをヒトとみなさないイデオロギーは、一八〇〇年代を通して効果的に弱められつつあった。以前奴隷だった人々、クエーカー教徒、福音主義のキリスト教徒を含む奴隷制廃止運動が、アメリカ大陸で意義のある成功を収めたのである。

奴隷制廃止論者は、私達は全員が「神の似姿」なのだと宣言した。それと同じくらい重要なのは、白人ではない民族が、白人の優位に異議を申し立て交渉する力を手に入れ始めたことである。これは資本主義により白人ではない人々にも経済的に成功する機会が与えられたことが関係している。ラテンアメリカ中で、起業家としての才能をもち、運にも恵まれた解放奴隷の黒人や、ムラートやメスティーゾといった混血の人々は、法と偏見という障害を乗り越えることができたのである。非白人の少数派がもつ富がますます増大した結果、ヨーロッパの世襲的富裕層の配偶者たり得るとも認められるようになった。その反動で、一八七〇年にアルゼンチンは異人種間の結婚禁止を廃止するに至った。

アメリカ大陸の非白人は、南北戦争を利用して人種差別的な法を打開すべく挑んだ。アメリカでは、白人やクレオール人のエリートが独立する機会を得たが、その後、人種差別的な奴隷制は終結している。ラテンアメリカの反乱勢力の指導者は、奴隷に自軍の軍人となって戦ってもらう必要があった。そこで、独立後には自由を与えることを約束している。また、メキシコなどの新たに独立した国家で制定された法が、ステレオタイプな人種観や利己的な人種差別を廃止できていないことは明らかだった。植民地生まれのクレオールの人々が肌の白さに高い価値を与えつづけている限りは、例によって、人種差別は重要事案とはならなかったのである。だが、黒人・カスタ・インディアンに選挙権が与えられ、保守的な政治体制を覆すべくゲリラ兵や軍人を召集できるようになったときに、彼らのことは以前よりもはるかに深刻に受け止められるようになった。

とはいえ、法規制が変化したとしても、人種差別的態度や慣習は強力に残りつづけた。これについては、北アメリカの奴隷が一八六三年に解放された後の数十年の歴史を見てみれば、明らかだろう。アフリカ系アメリカ人の服従的立場が続いていたからこそ、白人種のアメリカ人は、自分達のことを、人種的に優れていて、経済的支配者の立場にあるとみなすことができたのである。そしてそれゆえ、南北戦争が終息した後、南部の白人は慌ただしい決定によって、古くから残る人種の識別を明言し、規則化した。市民権の合法的はく奪、殺人と脅迫、そして、異人種間の結婚を認めない法律。これらはすべて奴隷廃止がもたらした果実なのであった。

チャールズ・キャロルは、広く行われていた黒人排除と黒人搾取を正当化しようとした一九〇〇年のベストセラー『ニグロは獣か、「神の像」か』のなかで、「白人こそ卓越した文明人なのだ」と書き記している。

自分達には人種差別的な感情はないと考えている人々が、必ずしも人道的であるとはかぎらない。帝国主義は、現地の人々による自治を準備するよい手段だと語ることは、たいてい偽装工作以外の何物でもない。一八〇〇年代後半、ベルギーのレオポルド二世がアフリカの人々を「覆っている闇」を取り除くと語る一方で、コンゴに住む何百万という人々の命を犠牲にする残虐な経済的冒険を計画したときほど、「文明化の使命」という精神が皮肉な展開を見せたことはない。

十九世紀の間に、研究室・田畑・菜園で得られた遺伝についての知識と、性・階級・人種についての自尊心に基づく神話――この神話が人間の遺伝に関するたいていの観念の起源となっていた――の間に、大きなギャップが生じた。キャリパーなどの道具の使用や基本的な統計学の発達によって、人間に関する科学が実証的になっているように見えたとしても、ほとんど学者は、人間の違いについての理論に自らのもつイデオロギー的前提を混入させていた。仲間であるヒトをどう認識するか、実際どう扱うべきかについて、キュヴィエ・ゴルト・モートンといった科学者達の主張が、一般の考え方と甚だしく異なるといったわけではなかったのである。〔この時代になっても〕政治的・経済的な実態が女性・貧困層・非白人に対する態度や行動を決めていることに変わりなかったのだ。

6

分子と人間

遺伝についての考えは、すぐれた才能、創意そして醜聞によって、一九〇〇年から一九六〇年代にかけて発展し、応用されていった。本章では、その様子を見ていくことにしよう。分子生物学という新分野は、遺伝を理解するにあたって、それ以前の何千年という年月を費やして得た知見すべての影を薄くするような進歩のペースを、六〇年の間持続した。しかし、こうした進歩とは裏腹に、遺伝学はまだビクトリア時代の生物学がつくったステレオタイプを引きずっていた。社会階層や性・人種のヒエラルキーを擁護した指導的遺伝学者もいたし、強制的な不妊手術を推進する者も存在した。そして、ナチスドイツは、遺伝的に劣位とみなした人々の大量虐殺を行っている。左翼的思想家や公民権運動家、そして、団結して帝国主義と戦っていた人々は、優位劣位は本質的に決まっているとするこうしたドグマに反撃を加え、遺伝によって決まっているとするあらゆる主張に対する反発をかき立てていった。人間に関する諸事が遺伝とどう関係するかについては、根本的に異なるいくつかの信念があり、そうした信念の相違によって、この時期、社会的・政治的な世界観の衝突が生じ続けていたのである。

本質論の教義に逆行して、左翼的なイデオロギー、市民権運動、そして団結して帝国主義に反抗する勢力は、すべて遺伝子決定論者の主張への反発を鼓舞した。

メンデル説の勝利

一九〇〇年、メンデルの分離・独立・顕性の法則は、忘却の彼方から呼び戻された。イギリスの実験生物学者であるウィリアム・ベイトソンは、ケンブリッジからロンドンへ向かう列車のなかでマメ植物を使って行われたメンデルの実験報告を読み、メンデル説の信奉者の中心人物となった。

ベイトソンは、〈対立遺伝子〉や〈ヘテロ接合体〉といった、現在ではよく知られている用語を導入した人物である。対立遺伝子は、〔花の色といった〕同一の遺伝単位において、〔白くなるか紫になるかといった〕二つかそれ以上の異なるタイプがあった場合、その一つを指す言葉であり、〈ヘテロ接合体〉は、ある生物個体が〔花の色といった〕ある形質において、〔白くする遺伝子と紫にする遺伝子という〕異なった二種類の対立遺伝子をもつ状況を意味する。また、〈ホモ接合体〉は一種類の対立遺伝子，たとえば、「二つとも白くするための遺伝子」しか存在しないことを示す。同じ頃、デンマークの科学者ウィルヘルム・ヨハンセンは、〈遺伝子〉という言葉をつくり、〈遺伝子型〉と〈表現型〉の概念の区別を導入し、遺伝学に貢献した。生物体が継承してゆくのが〈遺伝子型〉であり、遺伝で受け継がれた要因が「紫とか白のように実際どう表れるか」が〈表現型〉である。しかし、メンデルの理論の妥当性を実証できるようになるまでにはもうしばらく時間を要する。

以下の証拠を見出したことが、鍵となるステップであった。〔卵子や精子といった〕生殖細胞の形成される際の、つまり〈減数分裂〉が起きているときの染色体の挙動が、メンデルの理論で想定されていた継承のパターンと一致した。一九〇二年と一九〇三年にアメリカのウォルター・サットンは、テオドール・ボヴェリの研究を基にしてバッタの減数分裂についての研究結果を発表した。サットンは、きちんと二組の染色体を全数すべて含む細胞において、まったく同じに見える染色体がどのようにしてもう一組複製され、その結果、染色体数が二倍になるのかを記載した。その後、細胞は二つの娘細胞に分かれ、それぞれがさらに分かれて四つの生殖細胞となるのだが、このとき、それぞれの生殖細胞には各染色体は一つしか含まれていない（図13）。体細胞がもつ染色体の半数をそれぞれもった二つの生殖細胞が、受胎時に融合し、〈接合子〉となる。接合子は、体細胞と同じ数の染色体をもっており、新たな個体が形づくられていく。こうして、辻褄が合い、うまくサイクルが回り続けられるようになっている。サットンは、もし遺伝子が染色体に存在するのだとしたら、メンデルの法則は減数分裂で自分が見た結果に自然と一致するのではないかと気づいた。とはいえ、この観察は疑おうとすれば疑える余地をまだ残しており、ベイトソンでさえも、メンデルのいう対立遺伝子と染色体には何らかの関係があるという説には疑問を抱いていた。

メンデル理論の最も明確な証明は、ニューヨークのコロンビア大学のトーマス・ハント・モーガン研究室からもたらされた。一九〇八年にモーガンは、変異がどう新たに生じるのかを探索する、進化の実験的研究に着手した。

モーガンは、進化の研究を実験ベースで進めるという目的にまさに格好な対象を選び出した。キイロショウジョウバエである。キイロショウジョウバエは、一年で三〇世代経るため、変異が起きるのを長い時間待た

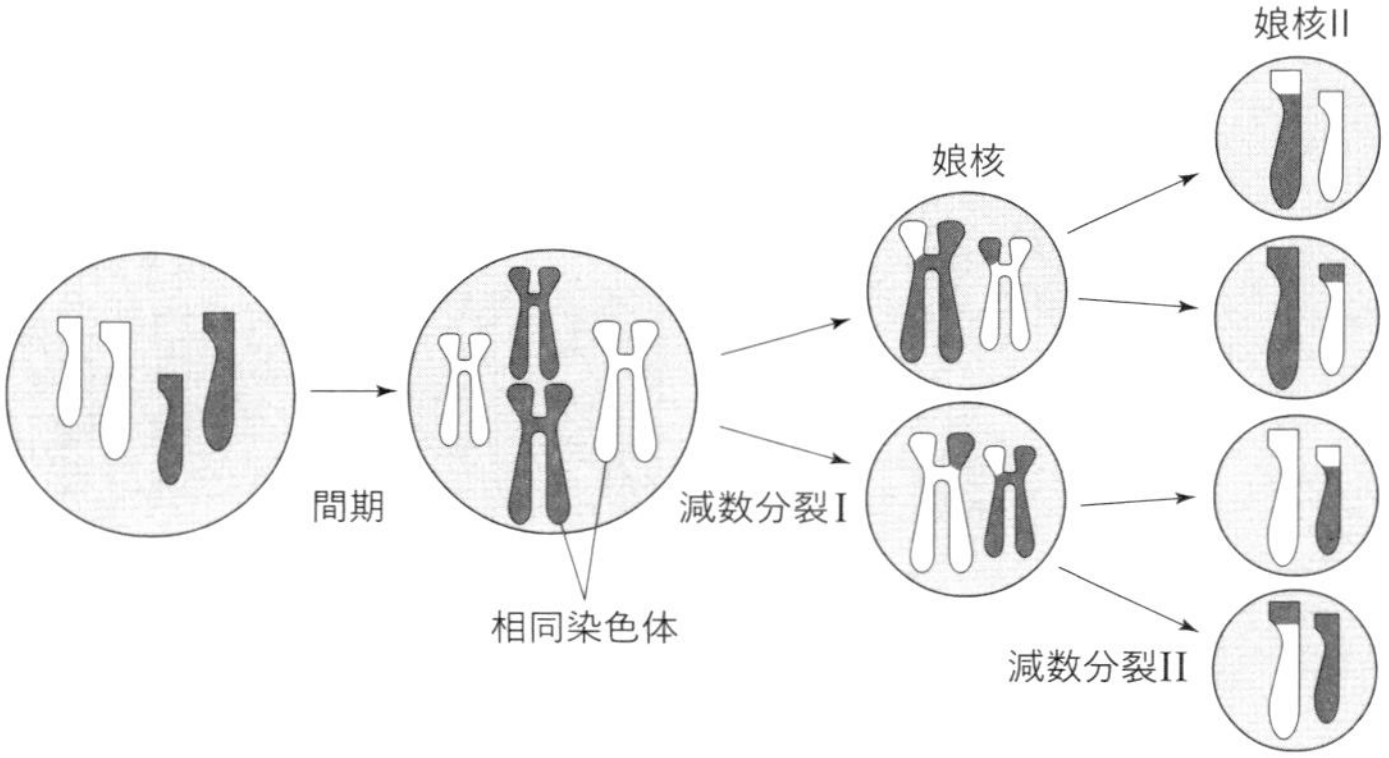

図13　減数分裂の図式（簡略版）。細胞核のなかには、〔長さや形などが〕同じタイプの染色体、つまり相同染色体が２本存在する。その一本は父親に、ほかの一本は母親に由来する（左端）。〔間期に〕それぞれが複製され、父親由来の一本が二本になる〔が、離れずにそのままの状態を保ち、見かけ上は一本に見える〕。母親由来の一本も同様である〔左から２番目〕。その後〔対合が生じる。つまり、相同染色体が平行に並び、二価染色体の状態になる。そして、平行に並んだ染色体のつなぎ替え、すなわち〕交差が生じる。〔二価染色体の状態では、４本の染色糸が並んでいることになる。なお、体細胞分裂では、対合は起こらない。〕それから、減数分裂Iが起こり〔相同染色体はそれぞれの娘細胞の核に配分され（右から２番目）〕、さらに減数分裂IIが起こり、４個の配偶子が生じる（右端）。〔各配偶子がもつそれぞれのタイプの染色体は一本のみとなり、最初の段階の半分となっている。〕

ずに探知できる。モーガンは一九一〇年に最初の突然変異例を記録できた。白い目をしたハエが誕生したのである。重要なのは、このような変異は通常、メンデルの法則でいうところの潜性な形質である点である。そのうえ、白い目という特色は、*オスのハエの〈Ｙ染色体〉の遺伝的形質と関係があることがわかった。これによってモーガンは、メンデル学説と染色体には関係がないとする懐疑論者から、熱烈な信奉者に転じた。モーガンの研究チームはさらに進んで、ほかの遺伝子に影響を与え、発現の仕方を「変更する」遺伝子の存在も証明した。

　モーガンの研究室は、こうした成功を基に、染色体の挙動の予期せぬ特性を利用して、急速に発展していった。同じ染色体上に存在する遺伝子は普通挙動が一致するのだが、時にこの原則に従わないことが繁殖実験によって証明された。そのため、翅《はね》を小さくする遺伝子は、通常オスがもつ性染色体上に存在し〔それゆえ、小さな翅という突然変異はオスにのみ見られるのだが〕、メスに表れる場合がある。ベルギーの細胞生物学者フラン・ヤンセンが正しく示唆したように、減数分裂の際、母由来の染色体と父由来のそれが絡まり合って、一部の染色体の塊が交換される場合があるからである。この現象は「交叉」と呼ばれる。

　モーガンと彼の学生だったＡ・Ｈ・スターティヴァントは、二つの遺伝子が染色体上、近接していた場合の方が、離れた位置にある場合よりも、交叉が起こりにくいことをしっかりと理解していた。何十個もあるキイロショウジョウバエの異なる形質を観察して、交叉が起きる正確な割合を調べたスターティヴァントは、一九一三年に初期の染色体地図を発表した。

続いて、キイロショウジョウバエの実験者はどのようにして遺伝的変異が生じるかについて説明した。キイロショウジョウバエの唾液腺内には異常に大きな染色体が存在し、ある染色の仕方だと明瞭に区別できることを見出した彼らは、遺伝子の変異が生じるのは細胞分裂の最中であることを突き止めた。染色体の交叉・欠失・倍加、染色体の一部が逆さまになる逆位、染色体の塊がゲノムの違う位置へ移動する転座が、モーガンの研究室で実証されていったのである。これらの現象が表現型にどう影響するかを研究することによって、染色体の個々の部位がどのような役割を果たしているかが決められていった。一九二七年にモーガンの優秀な学生の一人であるハーマン・J・マラーは、X線照射により遺伝子変異が起きることを、キイロショウジョウバエを使って実証している。照射が強くなればなるほど、変異する対立遺伝子の数も多くなる。

＊　形状からキイロショウジョウバエのオスだけがもつ性染色体はY染色体と呼ばれるが、Y染色体上に性を決める遺伝子が存在するわけではない点でヒトのそれとは異なる。キイロショウジョウバエの性は、常染色体とX染色体によって決まる。

また、ヒトの病気には遺伝するものがあるが、その中には単純なメンデル型遺伝のパターンに従うものがあることを発見した研究者もいた。一八九七年にイギリスの医師アーチボルド・ギャロッドは「ある種の酵素の欠如により、アルカプトンがそれ以上分解されず、尿中にたまり」、尿が茶色を帯びた黒色になるアルカプトン尿症が遺伝によるものであることを特定している。ベイトソンはすぐに潜性遺伝子に起因していると気づいた。ほかにも生物学者達は、デュシェンヌ型筋ジストロフィーや夜盲症といった病気における遺伝子が、あるいは、主な血液型の遺伝子が、メンデルの法則に従った遺伝パターンを示すことを実証した。

　これらの発見は、遺伝を理解する革命的に新たな方法をもたらした。この新たな方法を知ると、以前の考え方すべてが救いようのないほど無知だったように思えてしまうほどだ。一九二〇年代の後期までに遺伝学者が確証していたのは、私達は遺伝子性の要素を両親から受け継ぐこと、染色体には極めて小さな物質的単位があり、それが数珠状につらなっており、遺伝子はそれらから構成されていること、減数分裂の最中に染色体の断片が交叉を起こす、あるいは、放射線への暴露など環境から損傷を受け、より小規模な変異が多数起きる結果、遺伝上の変異が生じることであった。

　また、遺伝子はお互いに、あるいは環境と複雑に作用していることもわかっていた。このような新事実により、後天的に獲得された遺伝的形質が継承されるという説が成り立つ余地はまったくなくなったように思われた。生殖細胞中の染色体は、けっして精巣や卵巣の外には出ない。生きているうえでの経験が体細胞に影響を与えたとして、そもそもどうやってその影響が生殖細胞中の染色体に及ぶというのだろうか。「かつてのような見えざる力でも導入しないかぎり無理だろう。」

実際、この時代に後天的に獲得した遺伝形質が継承されるという説が支持されたのは、ソビエト連邦のトロフィム・ルイセンコの影響下のみである。一九二七年にルイセンコは春になったらすぐに生長するだろうと予想して、コムギ種子を寒く湿気のある空気に暴露させた。結果は思わしくなかった。しかし、ルイセンコは種子が遺伝的に変化し、子孫は早く生長するようにプログラム化されたと結果を偽った。これは重要なブレークスルーに映り、生育期の短い地域に暮らすロシアの人々は、ルイセンコのつくった種子を撒けば豊富な収穫が得られると信じた。そしてヨセフ・スターリンは、つつましい「集団農場の小作農出身の男」が西洋のブルジョワ階級の科学界エリートを打ち負かしたという宣伝効果を見込んで、ルイセンコがメンデルの法則の支持者を追放することを許している。ニコライ・ヴァヴィロフは「ルイセンコ支持類」に「変異」（ともにヴァヴィロフが実際使った単語）させられるのを拒み投獄され、栄養失調で命を落とした。一九五〇年代、ルイセンコの疑似科学は浸透していったが、その方法を採用したロシアの農家には悲惨な結果がもたらされただけであった。ソビエト社会主義共和国連邦以外では、ラマルクの亡霊は姿を消したままである。

立ち遅れたダーウィンとメンデルの融合

一九三〇年代までに生物学者は遺伝について十分多くを知るようになり、ダーウィンの自然選択説とメンデルの遺伝法則の両者をともにやっと受け入れるまでになった。

二〇世紀の初めには、「生物測定学者」として知られるイギリスの生物学者グループは、人の瞳が青いか茶色いか、またスイートピーの花の色が紫か白かなどの、離散的な質的形質のみにメンデルの法則が適用されると主張していた。身長や体重といった途切れなく連続的に変化する形質は、おそらく無数の単位が個別には明確に分離できずに融合している状況になっており、そうした状況が遺伝的に伝達されるのであろうと主張した。また、自然選択とは、集団内に存在する莫大な数の小規模な変異に影響を及ぼすような作用なのであって、進化はそうした作用によって起きるのだとも論じていた。反対に、初期のメンデル支持者は、すべての形質がメンデルの法則に従い、比較的規模の大きな変異が突然起きることによって、進化が生じると主張した。そして彼らは、進化は徐々に起こるとするダーウィンその人の想定を否定している。というのも、遺伝上の変異が小さかったとしたら、生物体が同種のほかのメンバーと交配して、遺伝的変異が混ぜ合わされると、かき消されてしまうだろうからと理由づけた。

両者の見解は徐々に調和していった。メンデルの法則に従うわずか数個の遺伝子の効果によって、表現型が集団内で連続的な変異を見せる場合があることを遺伝学者は示した。言い換えれば、大抵の場合は、些細な効果しかもたらさない個々の遺伝子が多数作用することによって形質はつくられる。また、生物学者は多くの証拠を集め、ダーウィン流の自然選択が生物集団に作用するにあたり、より高次の遺伝的変異が存在することも示した。一九二〇～三〇年代に、アメリカのセォール・ライトと、イギリスのR・A・フィッシャーとJ・B・S・ホールデンは、小規模な遺伝的変異が方向性なく生じて、それに自然選択が働くことで、進化上の変化が起こることを定量的に実証した。メンデル流の遺伝学と自然選択説のこの融合は、「進化の総合」*として知られるようになる。

＊「進化の総合」には、メンデル流の遺伝学と自然選択説の融合も確かに含まれているが、それだけではない。生物地理学や化石研究の成果なども統合されたものが、「進化の総合」である。

遺伝学への出資

遺伝にはその背後に厳格な規則性が横たわっている事実が一九〇〇年代の初めに判明すると、遺伝を研究する重要性が認識され始める。そして、それまで比較的周辺的な分野であった遺伝研究が、多額の財政・制度的支援を受けるようになっていった。

遺伝研究への出資を増やそうとする勢いがこのように続いたことは、新たに二つの認識が成立したことによっているだろう。一つ目は、メンデルの法則を利用して営利目的の動植物の飼育に革命を起こせるかもしれないと人々が考えたことであり、二つ目は、ヒトの生殖の制御可能性を告げていると人々が察知したことである。

メンデルの法則を踏まえて農作物や家畜を育てれば、産業化時代の都市部の大規模人口へ食料を供給するという約束ができる。そのため動植物の遺伝についての研究を行う試験場が、速やかにヨーロッパやアメリカにつくられた。ベルリン農科大学は商業的な繁殖家と密接に協力しながら研究を進めたし、アメリカの農務省はメンデル遺伝学を修得した科学者を雇い、新系統のトウモロコシを作出する指示を与えた。最初に結成された遺伝学会は、メンデル遺伝学の適用によって「動植物を改良する」ことを目指した、一九〇三年創設のアメリカ繁殖家協会であり、同協会は重要な影響力をもった。

人間の生殖を管理したいという願望はさらに弾みをつけた。イギリスで、アメリカで、ドイツで、スカンジナビアで、世界各地で、メンデル遺伝学は生殖を操るための科学的（だとみなされる）基盤を与えてくれるものと受け止められたのである。カーネギー財団はこの目的のため、メンデル説支持者で優生学者のチャールズ・ダベンポートが指揮をとるロングアイランドの優生学記録局に出資している。最高責任者のハリー・ローリンの指示のもと、調査員達は何千という数のアンケートを実施し、家系図を作成した。そして、厳格に科学的にというよりは、多分に熱に浮かれた調子で、恨みを抱くことに始まり、血友病・知能・知性・不感症・養蜂に至るまで、諸形質は全てメンデル遺伝の法則に従っていることを証明しようとつとめた。ローリンは、同時代の多くの生物学者と同様に、犯罪や売春・精神的疾患・貧困は遺伝によって引き起こされ、強制不妊手術によって根絶できるであろうと固く信じていた。

優生学は、二〇世紀の初めに活動していた遺伝子学者に広く支持されている。全員が傾倒していたわけではなく、T・H・モーガンのように、優生学者は「無謀な陳述」をしていると非難した学者もいた。しかし、多くの学者は単にこれを、応用遺伝学の一分野にすぎないと考えていた。一九二〇年代の終わりには、ダベンポートを始めとする生物学者の支持を受けて、アメリカの24州で強制的な優生法が可決されている。

アメリカの優生法を羨んだドイツの生物学者は、大学の多数の授業で優生について講義した。尊敬されていた生物学者のユージン・フィッシャーとフリッツ・レンツもまた、広く読まれた教科書のなかで優生について論じている。一九二三年の暴動が失敗に終わったアドルフ・ヒトラーがそれを獄中で読んだ。彼らのような優生学者には少なくとも三つの共通点がある。遺伝の力をかなり誇張して考える点、遺伝的だと推定される性質を費用対効果で分析したうえで、諸々の生命の価値評価を行っているように思われる点、そして、どの人間が生殖を行うべきか決定する権限をもった専門的地位の強化を熱心に求めている点である。

学者のほかにも、重税の負担および都市部の堕落や犯罪の規模に不安に駆られていた中流階級の男女も、優生学の教養をしっかりと自分たちのものとしていた。社会の最下層は、道徳的にも知的にも劣る残り滓《かす》のような人々から構成されており、教養のある階層は反社会的で非生産的な社会階層の人々に呑み込まれてしまう危険に脅かされている――一部の人々がこう確信するようになるにつれ、優生学会に入会する非専門家の一般会員も増えていった。アメリカの最高裁判所が、「知的障害」とされたキャリー・バックという名の若い女性の不妊手術を認めたときには、強制不妊手術の比率は倍増していた。一九三二年に１万６０６６件だった不妊手術が、一九三九年には３万３０３５件に達するようになっていたのである。カナダ・デンマーク・スウェーデン・フィンランド・ノルウェーもすぐに独自の不妊手術の法令を設けた。

遺伝子決定論者の発想法

ダベンポートを始めとする優生学者は、知能が低かったり、犯罪を犯しやすかったり、不道徳になりがちなのは、メンデル式遺伝をする単一のある遺伝子のせいであり、先住民および移民の貧困層はこの遺伝子に汚染されていると語った。「精神測定学者」による新たなＩＱテストは、このような偏見をさらに強める常套手段となり、盛んに使われた。ダベンポートに教育されたロバート・ヤーキーズは、第一次世界大戦で軍務に就いた１７０万人の兵士のＩＱをテストした。英語を母国語としない兵士が、英語圏の文化に関する知識を問う質問にうまく答えられないのは予測されるところであろう。

にもかかわらず、理由はお構いなしに、ヤーキーズと研究仲間のルイス・ターマンは、「南ヨーロッパおよび南東ヨーロッパ」からの移民は、「北欧系統およびアルプス系統」より生まれつき劣っていると断言している。ヤーキーズとターマンはまた、アメリカ生まれの貧困層についてもよい評価をしていない。一九三〇年代にアメリカのアイビーリーグの大学で標準化されたテストが採用されたのは、歴史学者のニコラス・レマンの指摘するように、農民や商人・小規模事業主のもとに生を受けた新たな「シンデレラ」を少数探し出すことがまさに意図されていた。

少なくともアイビーリーグの大学は女生徒の入学を認めていた。しかし、特筆すべきは二〇世紀に入って初めの二〇～三〇年の間、多くの婦人参政権論者が、男性と女性の知性は生まれつき同等だとは主張していなかったことである。多くの西洋諸国で女性が参政権を得ていたが、多数のフェミニストが女性の参政権を主張していたのは、知性が同等だからではなく、女性の徳性が男性のそれよりも秀でているという理由からであった（図14）。ヘレン・ハミルトン・ガードナーは、精神能力に生まれつき違いがあるという信念は今後も広く支持されるだろうと明瞭に感じとっていた。一九二五年に死去したガードナーは、コーネル大学で自分の脳を解剖するように遺言を残していた。解剖を行った一人の学者は、ガードナーの脳は並外れて非常に発達していたと正式に判断している。

一九〇〇年代の初頭には、乱雑に広がったヨーロッパの植民地やアメリカの南部の州で、人間は本質的に同等ではないという考えが強まっている。これらの州ではジム・クロウ法により学校、公共の交通手段、レストラン、水飲み場までも人種によって分けることが命じられた。インドでは、一八七六～一九〇二年に何度も起きた飢饉のために命を落と

図14　1913年10月ロンドンにて逮捕される婦人参政権論者

した何百万人という人々に対して、ブリトン人は驚くほど同情の念を表さなかった。また、西アフリカのドイツ領では、ヘレロ族に価値はまったくないと入植者は考え、死ぬまで働かせつづけると故郷へ便りを出している。さらに南を見ると、南アフリカに入植したオランダやイギリス人の末裔は、のちにアパルトヘイトとなる法律の枠組みをつくっている。そして、北アメリカの一九三九年の調査では、71%の白人が「ニグロ」は自分達より知性が劣っていると信じていることが明らかになった。

遺伝子決定論を問う

しかし、一九三〇年代には、ダベンポート・ローリン・ヤーキーズらによる粗雑な主張が槍玉に挙げられるようにもなった。アメリカでは、大衆層の優生支持者の毒性や下品さにたじろぐ生物学者が増えてきた。

一九二七年にアメリカの医師レウェリーズ・バーカーは、「遺伝学的観点から見ると、ヒトという集団はそもそもいくつもの遺伝子でヘテロ接合的な雑種である［つまり、純潔な小集団が分かれて存在しているわけではない］」と観察している。一九四〇年、カーネギー財団はローリンの研究の酷薄さを尊重する気にはなれず、優生学記録局を閉鎖した。

分析の新しい波によって、ＩＱテストの従前の解釈を条件づけていた社会学上の素朴な諸前提に焦点が合わせられるようになった。アメリカの心理学者リタ・ホリングワースのような研究者達は証拠を積み重ね、男女間のＩＱ到達度の違いは、両性を社会に適応させる力の違いによることを主張した。性ホルモンの発見が、男女は本質的に違うという信念を述べる際の新たな言語を提供したとはいえ、ＩＱテストの結果が積み重なると、女性のほうが男性よりも知的に劣るという主張は弱まっていった。一九二二年にはターマン自身が、標準化されたテストは結局、「男性と知的に同等であるという女性達の主張」の正しさを立証することになったと断言している。さらに、アイオワ州の児童福祉調査所の研究によって、低所得層の両親をもつ子供のＩＱは家庭環境が改善されると有意に高くなることが示唆された。こうして、社会階層が遺伝的に決定されているという説に、異議の申し立てがなされたのである。

同時期、人種は遺伝的に異なるという考えに、文化人類学の新学派が反論を展開していた。ロンドンではブロニスワフ・マリノフスキ率いる「機能主義人類学」が、すべての人類のグループが発展させたそれぞれの考え方や慣習は、白人による文明社会を理想とし、順次劣るものを直線上に並べていく物差しで比べられるようなものではないと結論づけている。アメリカで、この種の議論を擁護したのが、ドイツから移住した人類学者であるフランツ・ボアズであった。彼は「文化的な教養のある」人という観念など、「相対的なものにすぎない」と述べた。ルース・ベネディクトやマーガレット・ミードを含むボアズの教え子は、形質人類学の「俗物人種差別主義者」を非難するべく献身的に職務を果たした。ベネディクトは、「原始人」について、「その人の暮らす社会の組織、言語、信仰している宗教の一欠片《かけら》たりとも、生殖細胞によって伝達されることはない」と述べている。

遺伝子決定論者の信念に巣くう、人種や階級に関する偏見に対し、社会的・政治的圧力も強まってきた。一九〇〇〜四〇年には、１５０万人を超える北アメリカの黒人が、シカゴ・デトロイト・ピッツバーグなどの北部の都市へ転居した。そこでは、選挙権をもつことができ、ある程度の政治的影響を行使し、労働組合の組合数も増やすことができたため、黒人はさまざまな場面で自信をもって声高に発言ができるようになった。W・E・B・デュボイスを始めとする黒人の作家は、「社会的不当の壁の後ろ」に黒人を追いやる制度化された人種差別を雄弁に非難している。同じ頃、労働階級の白人による運動が起き、社会階層を固定して考えることの信頼性が問われ、そうした考えは弱体化した。イギリス人作家ロバート・ローバーツは、第一次世界大戦後、多くの「古い服従は消滅した」と回想している。社会階層に区別があるのは、「木材に節がある」ことと同じように自然であるという考えを支持する労働者はどんどん減っていった。

同様に、社会的・政治的・経済的な情勢が変化するにつれ、植民地時代の気風を維持するのは難しくなってきた。インドは相変わらず圧政的に占領されていたが、第一次世界大戦によりイギリスの財源は乏しくなり、領地は増えたが国境地帯の守りは脆弱になってきていた。インド人に権限を付与することでしかイギリスのインド支配を保てないことが明らかになってからは、明白な人種差別は弱まっていった。アフリカでも、白人の支配者が自ら解き放った経済力のせいで、その支配力は弱まった。現地の人々が採掘坑や工場などでの賃労働を強いられている場合、今度は、植民地の支配者は地方にいる下層の人々よりもっと簡単に組織化されてしまう都市部の労働者問題に取り組まなければならなくなった。南アフリカでは、アフリカ民族会議がバスのボイコットを行うなど、よりよい待遇を求めてストライキを始めた。アントン・レンベデは、民族の誇りをもつというイデオロギーを発展させ、何世紀にもわたる侮蔑や自己卑下に対抗する解毒剤とすべく、「我々は本気で地球上に存在するどの他人種にも劣っていないと信じなくてはいけない」と宣言した。こうした運動は限られた成功しかもたらさず、激しい報復を招く場合もあったが、諸社会を人種によって順序づけることに対する戦後の効果的抵抗の基礎は築かれつつあったのである。

戦争・恐怖・ホロコースト

遺伝子決定論への反対が進展する地域もあったが、ドイツでは、ヒトラーとナチスが勢力を強め、粗雑な人種科学と優生学が公式の政策となった。恐怖は一九三〇年代に遺伝的疾患があるとみなされた人々に不妊手術を強いることから始まり、だんだんとエスカレートして、遺伝性の欠陥が疑わしい子供や大人を殺害するようになった。想像を絶する恐怖は、一九四一年六月にロシアへの侵攻後起こった。約６００万人のユダヤ人、９００万人のロシアの民間人や戦争捕虜、２００万人近いユダヤ人ではないポーランド人、少なくとも20万人のシンティ・ロマ人とおよそ1万人の同性愛の男女が命を落とした（図15）。ここまでくるとホロコーストは、ナチスの指導者という邪悪な人種差別主義者とその狂信者であるナチス親衛隊という準軍事組織による陰謀という狭い範囲の活動とはみなせない。「人種の純化」というナチスの未来図を促進すべく、実に多くの人々がこのおぞましい道徳的犯罪に加担したのだ。

歴史学者は、ナチスの恐怖政治にかくも多くの人々が加担することを可能にした多数の要因を特定してきた。科学者の加担にはいくつかの方式があった。純粋なドイツ人以外を悪魔とみなし、生産活動に従事できない者に対し「ただ食べるだけの役立たず」呼ばわり

図15　1933年4月1日反ユダヤ主義の看板を掲げることを強いられたドイツのユダヤ人

し、負の刻印を与えるために、ナチスが使用できる生物学の概念が編み出された。たとえば、オイゲン・フィッシャーは二〇～三〇年にもわたり、「北欧系人種」の本質的な優位とユダヤ人の劣位を主張している。ナチスはまた、犯罪を計画し実行するために自ら進んで協力する科学者や医師に頼ることもできた。フィッシャーのような指導的生物学者は、優生法の策定に関わったわけでもないし、最終解決の考案に参加したわけでもなかったが、ナチスは生物学者が黙認するだろうことを期待できた。そして、ナチスの極端な優生に嫌悪を示した学者には、少なくとも、特別な財政支援や威信を享受できるように便宜が図られたりもした。ある科学者の娘はのちに次のように述べている。「自分の父親は研究所の財源を得るために悪魔に自分自身を売ってしまったのだろう。」ヨーゼフ・メンゲレはアウシュビッツで人間の遺伝についておぞましい実験を実施したが、フィッシャーのベルリンの研究仲間が、メンゲレの研究に由来するデータや生物学的試料を使うのに良心の咎《とが》めを感じることはなかった。

　ホロコーストを実現させた構造的な要因もある。ドイツは近代国家として軍事力および警察権力を有しており、反対者を抑え込むことができたし、また、専門家の技術官僚もいれば官僚機構も備わっていたため、大規模な殺人の遂行も可能であった。そのうえ、歴史学者は、人種差別的なイデオロギーが大虐殺に至るもっと直接的な要因も指摘している。

直接的要因とは次である。ポーランド・ロシア・マダガスカルへ何百万人ものユダヤ人を移住させるという、以前の計画の実行不可能性。ソ連における戦争で見られた残忍さによる、人間の苦痛に対する感覚の麻痺。幹部達がヒトラーに個人的に気に入られようと競い合い、ついつい極端な政策を策定しがちになるという文脈。そして、ユダヤ人への迫害や大量虐殺に加担することで、多くの人に与えられた地位や収入を高めるチャンス。さらに、ナチスによる殺人は、普通の男女でもおぞましい行為をしてしまえる心理学的な感性を備えていることを例証しているのだろう。多くの加害者の道徳的感受性は機能しなくなっていたように思われるが、それは、上からの指示に従っただけだ、集団を律する新たな規範に反することが恐かった、非常に多くの人が大量虐殺の実行に加担している状況では、直接的な倫理的責任が感じられなかったといった理由からであった。

　人種差別的な残虐行為はドイツだけで起きたことではない。反ユダヤ主義の姿勢はアメリカ・東ヨーロッパ・イギリス・フランスでも広まっていた。フランスのヴィシー政府の「ユダヤ人問題」室はナチスに進んで協力して、およそ8万人のユダヤ人を死の収容所へ送りこんでいる。ほかの戦場でも、兵士の行為を恐ろしい残忍さとしてしか形容できない場面が見られた。一九三七～一九三八年に南京で婦女暴行を働き、韓国・中国・フィリピンの女性達に恐ろしい所業に及んだ日本兵の犯罪者たちは、犠牲者をほぼ完全に人間扱いしていなかった。

遺伝子の発見

生物学者達はヒトの精神的特質の生物学について何かお粗末なことを言いたがっていたが、第二次世界大戦後、ナチスの優生学が発覚すると、そうした気運はしぼんだ。この変化は一夜にして起きたわけではない。一九四七年、アメリカの生物学者テオドシウス・ドブジャンスキーは、『アメリカ大百科事典』の「人種」の項目は、「ゲッベルス博士でも書けるような代物だ」と述べている。強制的な不妊手術はなおアメリカやスカンジナビアで行われていた。とはいえ、強制的な卵管結紮術や精管切除術の数は減り、多くの優生学会は閉鎖された。さらに、一九五三年、人種は「社会的神話」であり、「生物学的事実」などではないという声明をユネスコが出したが、学者達はこれを広く受け入れた。

　優生学が失墜したからといって、個々の博愛主義者が遺伝子研究を対象から外したわけではない。むしろ、遺伝の科学的研究はロックフェラー財団のウォーレン・ウィーバーのような人物の目に留まった。ウィーバーは、社会がつくりなおされ、病気、争いそして非合理が解消される未来を思い描いていた。しかし、彼の心にあった「新しい科学者」は、注意深い実証的な探究に根ざしていなければならなかった。そこで、ロックフェラー財団やカーネギー財団は当時、カリフォルニア工科大学を始めとする大学を援助し、非常に優秀な科学者を育て、最新機器を備えた研究所を設立していた。では、次のフロンティアは何か？　遺伝の分子約基盤を解き明かすことだ。こうして、遺伝子研究はまさに規模を拡大しようとしていたのである。

一九四〇年までにほぼすべての生物学者が、遺伝子は染色体の特定の位置に存在する生化学的な単位だと考えていた。しかし、彼らの想定は間違っていた。遺伝子はタンパク質からなると考えてしまったのだ。タンパク質鎖は二〇種類の異なるアミノ酸から構成され、何千という組み合わせをとることができる。だとすると、気が遠くなるほど多様な形をもつ生命をつくりあげるのに足るだけの、高いレベルの特性を有するのはタンパク質だけだと考えたとしてもあながち不適切ではないように思われた。

遺伝の真の担い手は核酸なのだが、これは以前の一八六九年に、白血球から単離されていた物質である。続いてドイツで研究を進めていた生物学者達は、核酸がグアニン・アデニン・シトシン・チミン・ウラシルの五つの化合物からできていることを示した。また一九三〇年までに、核酸にはデオキシリボ核酸すなわちＤＮＡとリボ核酸つまりＲＮＡの二種類が存在することを、ロシアのフィーバス・レヴィーンが実証していた。ＤＮＡを構成する塩基は、グアニン・アデニン・シトシン・チミン（それぞれＧ・Ａ・Ｃ・Ｔと表記）だが、ＲＮＡはチミンがウラシル（Ｕと表記）にとって代わられている。しかし、遺伝物質は核酸であろうと示唆した学者はほとんどいなかった。レヴィーンはＤＮＡを「つまらない分子」だと小馬鹿にしている。

核酸の重要性を認識するに至る道へ決定的な一歩が踏み出されたのは、一九二八年、ロンドンのフレデリック・グリフィス研究室においてであった。グリフィスは、しばしば死をもたらす肺炎レンサ球菌を研究している際に、二つの異なった菌株を繁殖させた。一つは、大きなカプセルである莢膜《きょうまく》によって個々のバクテリアが覆われており、そのためコロニーがスベスベに見える致死性肺炎レンサ球菌（Ｓ型）、もう一つは、保護膜をもたず、それゆえ免疫系にたやすく対処されてしまう、コロニーがザラザラした表面をもつ非毒性株（Ｒ型）である。ある実験でグリフィスは、加熱殺菌したＳ型と害はないが活性をもつＲ型のバクテリアを混ぜたものを何匹かのネズミに注入してみた。驚いたことに、何匹かのネズミは死んでしまった。解剖の結果、グリフィスはＲ型の肺炎レンサ球菌が、殺菌されたＳ型との接触を通して、スベスベの保護膜を獲得したことを見出している。さらに、そのバクテリアが増殖すると、スベスベの保護膜をつくる何かしらを子孫に受け渡していた。グリフィスは、今日では「形質転換」として知られている過程に、そうは気づかずに出くわしたのである。形質転換とは、あるバクテリアから別のバクテリアに遺伝子が受け渡される現象をいう。このグリフィスの発見が真の重要性を帯びてくるのは十年後のことであった。

ニューヨークにあるロックフェラー財団の研究所で、オズワルド・セオドア・アベリーと彼の研究チームは、グリフィスの研究結果を再現し、鍵となる疑問の口火を切った。Ｓ型からＲ型のバクテリアへ移ったのは、厳密に何なのだろうか？

答えを導くには、バクテリア細胞から「形質転換因子」だけになるまでさまざまな要素を剥ぎとらなければならない。アベリーの研究チームはまず、Ｓ型のカプセルをこじ開けて中身を細かいフィルターでろ過する方法を考えた。そうやってフラスコに抽出した物質は明らかに形質転換因子を含んでいた。なぜなら、これによりＲ型の肺炎球菌は毒性の形状の紛れもない保護膜を得たからである。タンパク質や脂質・糖類を取り除くべく、遠心分離・アルコール・酸・酵素・熱・電流などの処理を行い、その都度、形質転換因子が無傷なままであるかをテストしたところ、彼らは「糸巻きに巻かれた糸のように、ガラス棒に巻きついていた白い繊維質の」残留物にいき着いた。Ｒ型の肺炎レンサ球菌を致死性に変える要因を相殺できる唯一の物質は、ＤＮＡ分解酵素であった。次に、哺乳類の胸腺に由来する抽出物からＤＮＡを得て、繊維状の白い残留物の挙動が、その真のＤＮＡとまったく厳密に一致することを見出した。一九四四年、アベリーの研究チームは論文でこのデータを注意深く発表している。

さらに、「ファージ・グループ」と呼ばれた、アメリカ科学者の非公式ネットワークが行った研究からも、ＤＮＡが遺伝の身体的基盤である証拠が得られた。ファージ・グループは、ファシズム政権下のヨーロッパからアメリカに移住した二人の科学者サルバドール・ルリアとマックス・デルブリュックを中心に集まった人々である。一九四〇年に出会って以降、ルリアとデルブリュックは新たに二種の生物を対象にするように遺伝研究の舵を切りなおした。大腸菌とバクテリオファージである。大腸菌は腸内細菌の一種であり、バクテリオファージはある種のウィルスである。バクテリオファージは大腸菌内で増殖するのだが、増殖の過程であるとき突然急速に数を増し、棲んでいる宿主細菌を破壊してしまう。一九四三年にファージ・グループは、細菌が遺伝子を含むことを証明している。この発見が意味するのは、生化学的に単純で驚くべき速さで繁殖をする単細胞生物を使って、生物学者は遺伝を研究できるということである。

まもなく、彼らはファージのある電子顕微鏡像を得た。頭部が狭まった鞘の上にあり、尾部繊維の束により細菌の細胞壁に固定されているように見える像であった。ファージは皮下注射用のシリンジのような仕組みになっているのではないかと彼らは考えた。細菌の細胞壁にくっつき、その後、細菌の細胞質のなかに遺伝子を注入するのではないかというのである。

しかし、もしそうだとしたら、次世代のファージをつくるために何がバクテリアに移されるのだろうか。一九五二年、ファージ・グループを代表するメンバーの一人であるアメリカの科学者アルフレッド・ハーシーは助手であるマーサ・チェイスと協力して、この問いに答える実験を考案した。核酸はリンを含み硫黄を含まないが、タンパク質は硫黄を含みリンを含まないという特徴を二人は利用した。放射性リンと放射性硫黄の存在下でファージを繁殖させ、ファージが侵入するバクテリアに注入されるのが核酸であるかタンパク質であるかを確認した。そしてほとんどのファージＤＮＡはバクテリア内に侵入し、ほとんどのタンパク質は外側に取り残されているのを発見している。この発見は、ＤＮＡが遺伝に関係していることをさらに示す有力な証拠となった。

次に科学者が証明しなくてはならないのは、ＤＮＡ分子が生物界に驚くほどの複雑さをもたらすその能力についてであった。そしてこれは一九五三年三月にフランシス・クリックとジェイムス・ワトソンによって証明されている。二人は、ボール紙・針金・金属板を用いて、ＤＮＡの３次元モデルを作成した。一カ月後、二人は『ネイチャー *Nature*』誌でＤＮＡ構造の発見を発表した。ワトソンとクリックによれば、分子は二つのらせん構造が結びついた形をしている。それは二重らせんと呼ばれ、糖とリン酸からなる主鎖を外側にもち、内側に向いたそれぞれの塩基は水素結合で相補的な塩基と繋がっている。そして、アデニンは常にチミンと結合し、グアニンはシトシンと結合している(図16)。この構造は、いくつかの理由から、即座に肯けるものであった。まず、四つの塩基が異なる組み合わせで配列されれば、異なったタンパク質分子を目もくらむような種

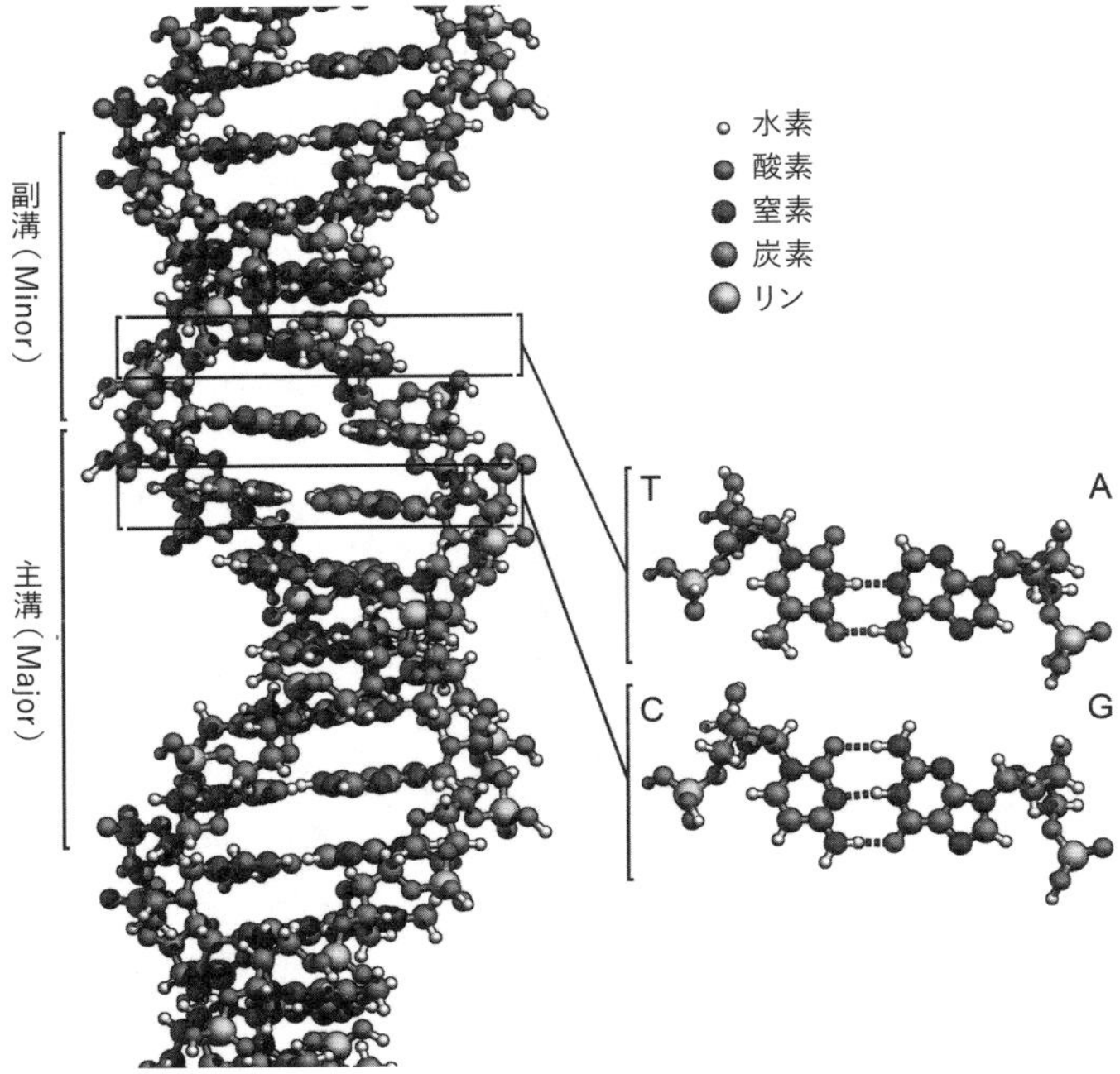

図16 DNA分子の構造。チミン(T)は常にアデニン(A)と、シトシン(C)はグアニン(G)と結合し、相補的にヌクレオチドを形成して、二つの糸がらせん状に構成されている様子を示す。

数つくりあげられるだろうから、この構造は期待されている特性をもっていることが、すぐに理解できた。そして二つ目は、自己複製のメカニズムが明瞭に見て取れたことである。ＤＮＡの二つの糸がファスナーのように分かれるとすれば、それぞれの糸が鋳型となって他方の正確なコピーをつくることができるだろう。また、一九五一年、どんな生物も、ＡとＴ、ＣとＧの比率は１：１であることを生物学者エルヴィン・シャルガフが見出していたが、ワトソンとクリックの発見した構造によって、この興味深い発見が何を意味しているかも、遅ればせながら理解できるようになったのである。

ワトソンとクリックによる発見は、彼ら二人の才能の輝きを示すドラマのように語られがちだけれども、Ｘ線結晶構造解析学も日々進歩しており、ＤＮＡ構造を解明する準備が整っていた点も大きい。とりわけ、ケンブリッジ大学キャヴェンディッシュ研究所におけるＸ線結晶構造解析学の進展は著しく、分子中の原子の空間的配置を決めることを可能にしていた（１５６ページ図17）。結晶中の化学物質に向け照射されたＸ線の光線は回折を起こし、印画紙に到達する。原子と分子の配置により、写真の光と影のパターンが決まる。そこで研究者は、複雑で定量的な方法を駆使し、逆に、写真の画像パターンから結晶構造自体を決めることができるようになっていたのである。

Ｘ線回折写真の撮影および分析は一九五三年までに大きく進歩しており、ＤＮＡ構造の謎も解明可能な状況にまではなっていたのである。さらに、ワトソンとクリックは、研究仲間や競い合っていた研究者達の功績にかなり依存していた。しかし、モーリス・ウィルキンスとロザリンド・フランクリンがロンドンのキングスカレッジで撮影したX線回折写真、およびフランクリン自身による写真の数学的分析をワトソンとクリックが内々に見ていたことは、当時ほとんど知られていなかった。

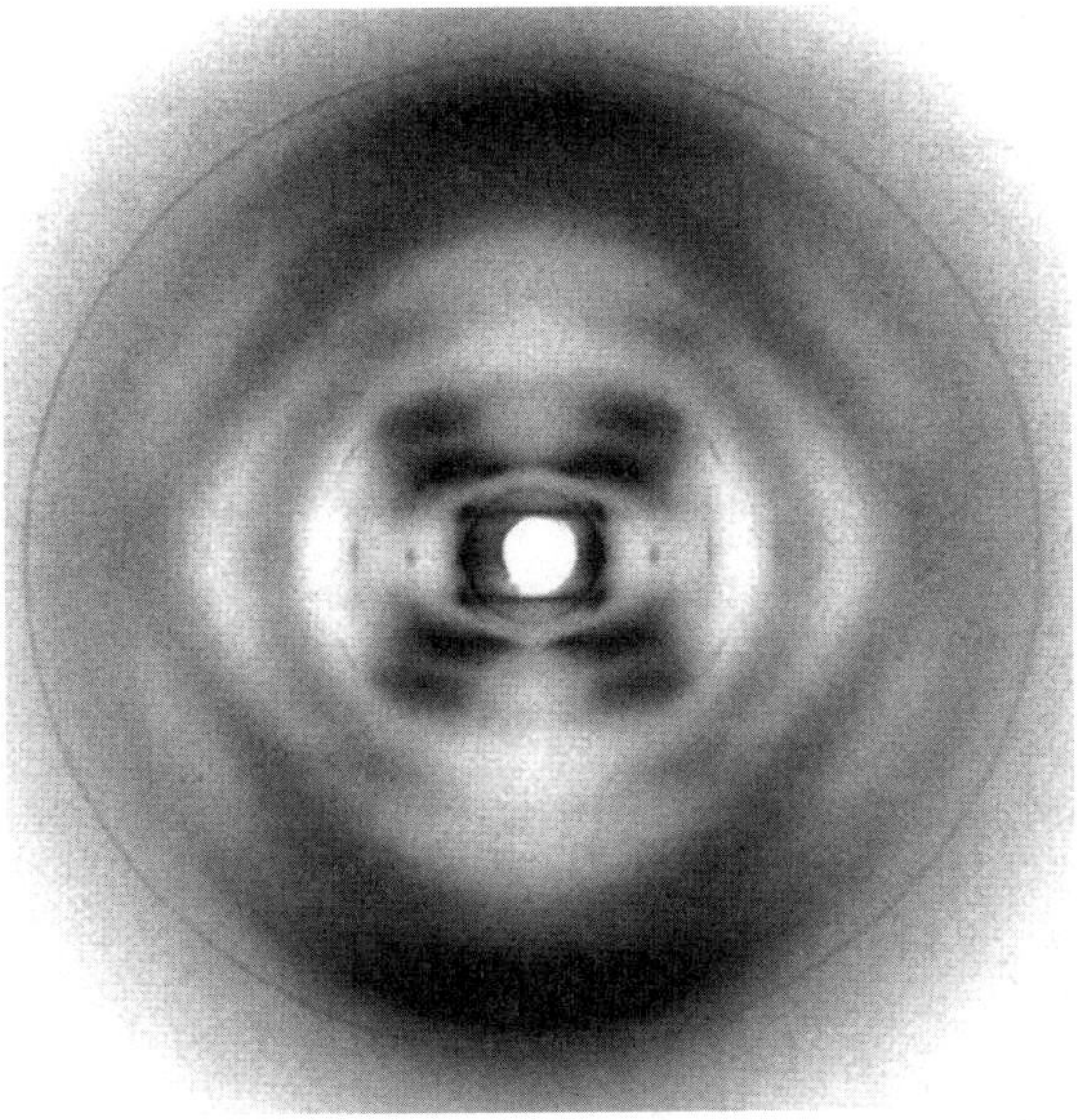

図17　1951年にロンドンのキングスカレッジにてロザリンド・フランクリンが撮影した「**写真51**」として知られるX線回折像。この画像はDNAのらせん構造を裏づける有力な証拠となった。

遺伝子の働きの発見

ＤＮＡの構造が解明されると、遺伝とは四文字からなるアルファベットの形式をとる情報の伝達だという理解が有力になる。

ロシア出身のジョージ・ガモフは、細胞の核は実際「情報の貯蔵庫」であると述べている。しかし、事実上ＤＮＡがどのように機能するのかについては何も解明されていなかった。

一九五七年にアメリカの生物学者マシュー・メセルソンとフランクリン・スタールは、ＤＮＡの相補的ならせん構造がほどけて、娘分子が親鎖の鋳型で形成されるというワトソンとクリックの仮説を実証するために、ある実験を考案した。二～三年のうちに、フランス・イギリス・アメリカの科学者達は、遺伝子が発現する入り組んだシステムの概要を説明できるようになった。彼らは少なくとも三つのタイプのＲＮＡが関わっていることを明らかにした。

まず、ＤＮＡの特定の配列に沿ってＲＮＡ分子が形成される。この過程は「転写」といわれる。この「メッセンジャーＲＮＡ（ｍＲＮＡ）」と呼ばれるＲＮＡは、元のＤＮＡと相補的な塩基配列をもち、寿命が短い。また、〈リボソーム〉という常設の細胞機構も存在し、そこにはリボソームＲＮＡ、すなわちｒＲＮＡが存在する。ｍＲＮＡは核から細胞質へと移動し、リボソームまで遺伝情報を伝える。このリボソームの仕事は、ｍＲＮＡに含まれるメッセージを読み取り、正確な順序に並んだアミノ酸で構成されているタンパク鎖をつくりあげることである。これが翻訳である。このように、リボソームはタンパク質を組み立てることができるのだが、それは、また別のＲＮＡであるトランスファーＲＮＡ（ｔＲＮＡ）が、正しいアミノ酸を選び出し、リボソームまでそれを運び、配達するからである。このリボソームが端から端までｍＲＮＡコードを「読み」、Ａ・Ｕ・Ｇ・Ｃの配列に見合う適切なタイプのアミノ酸に対応させる（図18）。それぞれのアミノ酸は、隣り合っている同士で化学的に結合し、線状に連なる。そして、長くなったタンパク質鎖はリボソームから離れて、酵素やホルモン、新しい細胞の構成要素として働く準備が整う。

遺伝学者は、前々から、すべてのＤＮＡ配列がタンパク質をコードしているわけではないのだろうと気づいていた。いつどこでｍＲＮＡをつくるか、どのくらいのタンパク質をつくるかの調節に関わる配列があるにちがいない。一九五〇年代初めまでに、アメリカの遺伝学者バーバラ・マクリントックは、トウモロコシを使った二〇～三〇年もの研究により、「調節」遺伝子のすばらしい役目を明らかにしていた。

だが、残念なことに、少々突飛に見えたこともあって、マクリントックの発見は無視されてしまった。遺伝子調節の魅惑的な複雑さのなにがしかを解明したのは、一九五〇年代の後半にパリで研究をしていたジャック・モノーとフランソワ・ジャコブの研究チームである。

　モノーらは、現に周囲に砂糖〔主として、グルコースとフルクトースの結合物であるスクロース〕が存在しているにもかかわらず〔砂糖を分解する酵素だけで

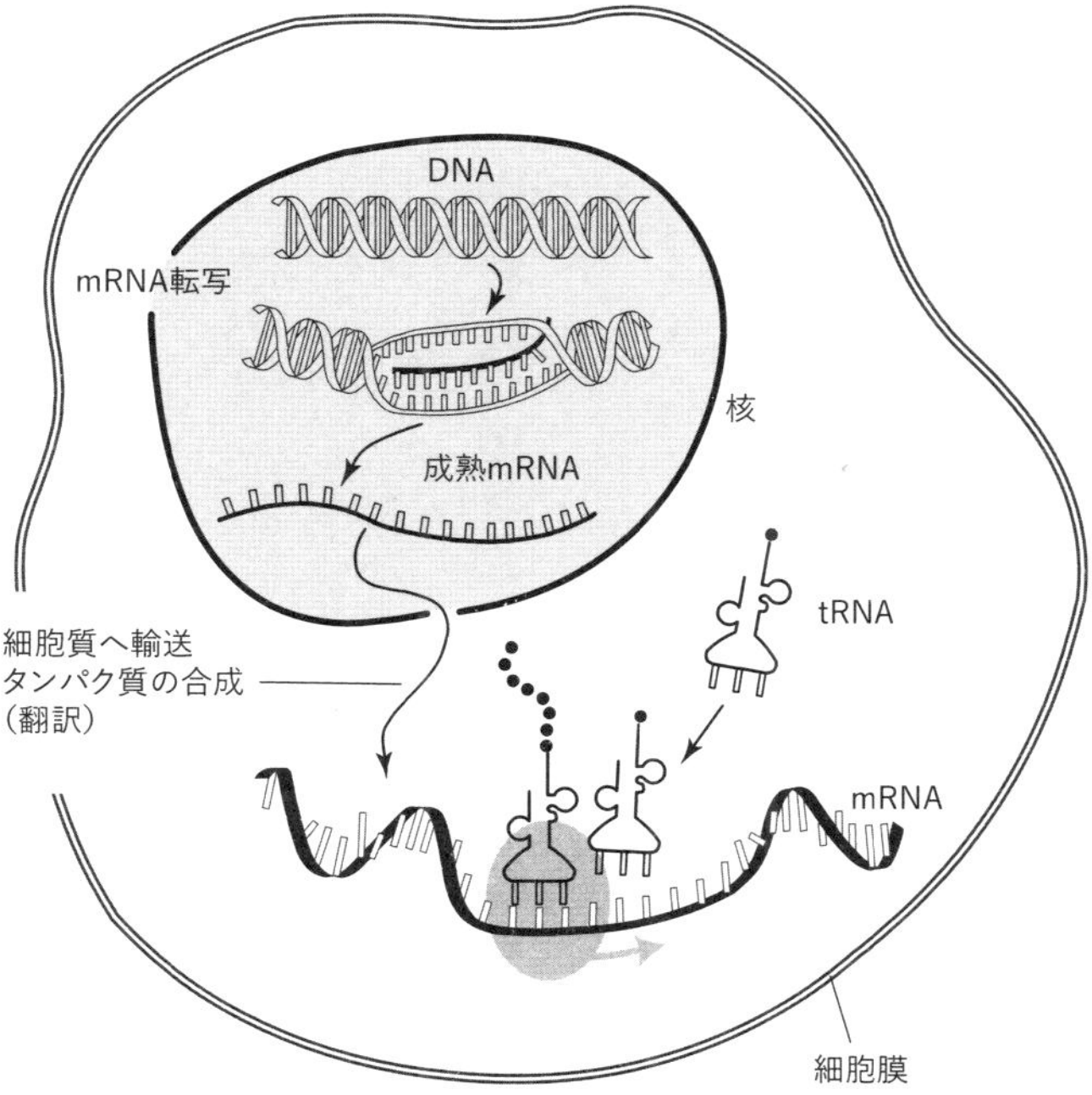

図 18　タンパク質合成の図式（簡略版）。DNA 鎖の 2 本の糸は少しの間解ける。それで、メッセンジャー RNA の作成が可能になる。これが転写である。そして、核を出た mRNA はリボソームと結合する。次にリボソームはそれぞれの〈コドン〉を読み、tRNA によって運ばれた適切なアミノ酸がつけ加わっていき、終止コドンに至ると終了する。その結果、タンパク質の鎖がつくられる。

はなく〕、乳糖〔グルコースとガラクトースの結合物〕を消化するために必要な酵素を進化させてきたのはなぜかを研究していた。この研究中に、彼らは「オペロン」というアイディアに到達した。乳糖を消化する酵素をコードする配列よりも前に、あるいは「上流」に、いくつかの調節遺伝子があるにちがいないことに気づいたのである。

彼らは次のような仮説を立てた。上流にある遺伝子の一つが〈リプレッサー〉タンパク質をコードしているのだろう。乳糖が存在しない場合、つくられた〈リプレッサー〉タンパク質は乳糖を消化する酵素の遺伝子の上流に結合する。そして、ＲＮＡポリメラーゼが乳糖消化用酵素の遺伝子に近づくのを物理的に妨げる。ＲＮＡポリメラーゼが近づけなければ、〈転写機構〉は作動せず、乳糖消化用酵素のｍＲＮＡは形成されない。〔そして、乳糖がないのに、乳糖消化用酵素をつくるという無駄が省かれる。乳糖が存在すると、〈リプレッサー〉タンパク質は乳糖の方と結合してしまい、乳糖消化用酵素の遺伝子の上流に結合しなくなる。すると、〈転写機構〉が作動し、乳糖消化用酵素が無事つくられる。〕この仮説は正しかった。オペロンはすぐに遺伝学における基本概念となった。タンパク質をコードする構造遺伝子の挙動を制御できる調節遺伝子が進化してくれたおかげで、複雑な生物体が可能になった。その後、動物の遺伝現象は、大腸菌のような単細胞性〈原核生物〉のそれよりも、はるかに込み入っていることが判明したけれども、〔オペロン説で〕遺伝についての考え方が大きく進んだのは間違いない。

各種の遺伝子調節について、証拠が蓄積されていった。一九五八年にイギリスの生物学者ジョン・ガードンは成体のカエルのゲノムを、ゲノムを除去しておいたカエルの卵に移し、オタマジャクシが発生することを観察した。すばらしい成果だ。とはいうものの、この実験は常に再現性があるわけではない。成体になったカエルの遺伝子には、成体になる以前に働いていた遺伝子が働かなくなるような何かが起こっているように思われた。ガードンとその同郷人コンラッド・ウォディントンは、コード自体を変化させることなく遺伝子の発現に影響を与え得る因子を指して、「エピジェネティクス*（後成遺伝学 epigenetics）」という言葉をつくった。これは、「遺伝学（genetics）を越えた（epi-）」といった意味をもつ一九六一年にウォディントンの教え子であるメアリー・リヨンはエピジェネティクス現象を実際に示してみせた。リヨンが、メスのネズミの染色体を蛍光塗料で染めてみたところ、二つのX染色体は互いにまったく異なる様相を見せたのである。小さく凝縮されているように見える方のX染色体は、おそらく不活性化されているのだろう。X染色体の遺伝子のどちらもが発現される二重発現がこうして防がれている。これは、エピジェネティク

＊　ウォディントンたち自身は、後成説（epigenesis）と遺伝学（genetics）から造語した。

ス的変化の明瞭な一例であろう。のちになって、メチル基という小さな分子が付加されることで、Ｘ染色体が不活性化されることがわかった。

遺伝子研究の次の飛躍的進歩は、どのようにＤＮＡはタンパク質をコードするのかが解明されたことだった。ガモフは、たとえばＡＣＴ、ＣＣＣ、ＧＣＴのような三つの連続した塩基にそれぞれのアミノ酸が対応していれば辻褄が合うのではないかとすばやく気づいた。なぜなら、たった二文字のＤＮＡ配列では〔４×４＝16通りしか識別できず〕、20種のアミノ酸すべてをコードできないが、トリプレット〔三文字のＤＮＡ配列〕では〔４×４×４＝〕64もの組み合わせが可能だからである。

これら三つのＤＮＡ塩基のセットを〈コドン〉という。優れた発想の研究によって、一九六六年までに、どのコドンがどのアミノ酸に対応しているかが解明された。この過程で、対応するコドンを二つ以上もつアミノ酸が大半であることを研究者達は知った。このとき、異なっているのは常にコドンの三番目の塩基であった。さらに、コドンは遺伝子調節において中心的な役割をしていることもわかった。たとえば、ファージのＵＡＧというトリプレットは、転写機構にＤＮＡ鎖の転写をいつ終止するかを伝えることによって、「停止」信号として振る舞う。

分子・医学・心

設備の整った研究所が戦後につくられたおかげで、遺伝医学の分野でもさまざまな発見が続いてなされた。偉業の一つとして、鎌状赤血球貧血の本態を確定したことが挙げられよう。この疾患では、酸素を体内に循環させる赤血球が異常になってしまったヘモグロビンを含み、赤血球細胞を鎌状に折り曲げる。そのため、血管内をスムーズに動けなくなったこれらの赤血球が血管の危険な妨害物となる。一九四九年にアメリカの遺伝学者ジェームズ・V・ニールは、鎌状赤血球貧血は潜性遺伝子を母親からも父親からも受け継ぐことが原因だと解明した。同じ年、化学者ライナス・ポーリングは、鎌状赤血球貧血を罹患している患者のヘモグロビンは、正常なヘモグロビンとは分子構造が異なることを発見している。鎌状赤血球貧血を罹患している人のヘモグロビンは、正常なヘモグロビンとたった一つアミノ酸が異なっているだけであることも見出された。これは、正常なヘモグロビンおよび異常なヘモグロビンを多数の断片に分け、さまざまな研究技術を駆使して解明されたのだが、その過程は、ケンブリッジ大学のバーノン・イングラムによって一九五六年に発表された古典的論文に記されている。これにより、単一の変異は、タンパク質の変異に決定的に関係していることが明らかになった。

細胞学者もまた、大きな発見をしている。研究者達は長い間、ヒトの染色体について多くを知るため、格闘してきた。というのも、染色体は顕微鏡で見ても非常に小さく、また、形もよくわからなかったからである。この問題を解決するために、一九五〇年代半ばに低塩分の溶液で染色体を膨潤させて単離する方法や、イヌサフラン由来の化学物質であるコルヒチンにより細胞分裂を止める方法を考案した。

生物学者はついにこの方法で、人間の正常な細胞は、23対の染色体を含むことを突き止めた。現在では、21番染色体が一本多いとダウン症候群、男子のX染色体が一本多いとクラインフェルター症候群、女子のX染色体が一本欠けているとターナー症候群を発症することがわかっている。

医師ビクター・マキュージックが、ジョンズ・ホプキンス病院に遺伝医学クリニックを設けた一九五七年までには、生物学者は十分知識をもっており、少なくともいくつかの遺伝や染色体の疾患については、遺伝子診断やカウンセリングを行えるほどになっていた。遺伝性疾患をもった子供の両親は、次の子供も同じ疾患をもつ可能性がどれほどかをそこで学ぶことができたであろう。そして、両親はその危険性を考慮し、次の子供をつくるか否か決めることができたであろう。これは新たな名前の優生なのだろうか。未だ優生を奨励する人々は、必要な資金を私的にクリニックや遺伝医学者に寄付し、自分たちをよりよい「遺伝子プール」づくりの援助者だとみなしていた。しかし一方、ほとんどの遺伝カウンセラーは、遺伝医学は慎重な科学に根ざしており、両親は自由意思で決めているし、第一の目的は個人的な苦悩を取り除くことであると主張している。そうはいっても、古い優生学の黒い影を引きずり続けている。

大抵の生物学者はまた、粗雑なエリート意識や自民族中心主義といった批判に敏感であった。以前の優生運動を思い起こさせるからである。批判に応じて、精神測定学者は測定法をさらに洗練させていった。現代流の双子研究の出現は、氏か育ちかのもつれを解こうとするにあたって、力強い手段が現れたことを意味していた。双子には二種類あることが一九二〇年代にわかった。もともと単一の受精卵であったものが二つに分かれることによって生じる一卵性双生児（ＭＺ）と、二つの別々の卵子がそれぞれ受精し着床するために生じる二卵性双生児（ＤＺ）である。ＭＺは互いに正確に遺伝的に同一であり〔エピジェネティックな側面を除けば〕、ＤＺは〔普通の兄弟姉妹同様〕互いに〔平均して〕遺伝子の50％を共有している。

双子が似ているのは、生育環境が同じからなのか。それとも、遺伝子が同じからなのか。ＭＺとＤＺをきちんと区別してやれば、この問題を解く自然な方法が得られるだろうと研究者達は論じた。この方法では、ＭＺであってもＤＺであっても、生育環境はほぼ同じであると想定されている。〔普通の兄弟姉妹の場合、遺伝的にも違うし、生育環境も異なる。〕よって、もしＭＺがＤＺよりもある形質が似ている場合、それは遺伝による影響であると結論して差し支えないだろうという論理を心理学者達は構築した。反対に、ＭＺとＤＺにおいて、双子間の相違が同じ程度だとしたら、遺伝が主たる役割を担っていると考える理由はなくなる。同様な環境で育てられた場合の影響をより正確に調べるために、一緒に育てられた双子と離れ離れに育てられた双子とを比較する研究も行われるようになった。双子研究と新たな統計的手法をともに活用して、人々の間に見られる、知性などの形質の違いの度合が、どの程度、遺伝的な違いに起因するかを示す遺伝率を見積もることが可能になったと心理学者達は主張した。

それにもかかわらず、双子研究の結果は信頼性が不確かであった。統合失調症のような精神疾患については、統計的に有意な遺伝的寄与が認められる十分な証拠が得られる一方、知性は遺伝するという主張は論争の的となった。イギリスでは、一九四〇～一九六〇年代に教育心理学者のシリル・バートが「精神能力」は大きく「遺伝による」と主張した。バートは、別々に育てられた数十組の一卵性双生児を調査し、別々に育てられた双子でもＩＱは極めて類似しているという自分のデータを引き合いに出した。しかし、バートの死後まもなく、彼が研究データを捏造していた可能性を示す証拠が見つかった。バートが科学的な不正行為をしたのかどうかについては意見が分かれたが、知性は主に遺伝によるというバートの見解に異議を唱える心理学者は多数にのぼった。彼らは、研究対象となった双子の多くは似たような家庭で育っており、まったく異なった環境下で育てられたわけではないことを指摘した。アメリカのケネス・クラークとマミー・クラーク夫妻、あるいはロバート・ローゼンタールによって行われた研究はまた、自分の知性が劣ると信じこまされた諸個人や諸グループは、標準化されたテストでの成績が相対的に悪くなることを示している。

公民権と脱植民地化の時代

戦後、ナチスの残虐行為は告発された。しかし、人は先天的に違うという古いイデオロギーに基づくフィクションが払拭されることはなかった。南アフリカでは、少数の白人による支配が組織立って決定され、アパルトヘイトという分離が構想され、人種差別的な態度と慣行が強まっていく。アメリカでは、人種差別的態度によって、黒人は給与の高い職業につけず、担保も設定できず、ローンからも除外された。そして、産業が郊外や海外へと移動し始めるなか、黒人は朽ちつつあるインナーシティ、都心部の過密地区に取り残されていた。白人が自分達の地位やアイデンティティを脅かされる危険を感じたときはいつだって人種差別的なステレオタイプがもち出される。それゆえ、戦後西インド諸島の人達がイギリスへ移住したとき、多くの人が住居の賃貸を断られ、パブや教会への出入りも歓迎されなかったのである。ウィンストン・チャーチルはキャンペーンのスローガンに「イギリスを白く保て」を使おうとした。

とはいえ、遺伝子決定論のイデオロギーは世界各地でありふれたものではなくなっていった。少なくとも、政治性は薄くなっていった。第二次世界大戦と大規模な反対運動のため弱体化した植民地の権力者達は、教育を受けた現地のエリート層を取り込む方策などによって、自分達の帝国を維持しようとしていた。しかし、一九四〇年代後半から一九七〇年代にかけて、次々と植民地は独立を遂げた。セネガルの大統領レオポール・サンゴールは「偏見の根絶」を祝した。一九五〇〜一九六五年の間に、アメリカの黒人による公民権運動は、数々の法的な勝利を手にする。最高裁判所は、学校での人種差別廃止や、黒人から権利を奪うためにつくられた識字能力テストの禁止を可決した。

戦後、経済が成長し、社会的流動性の高い時代が急速にやってきたことで、遺伝によって社会的不平等を説明する見方も衰退した。一九六〇〜一九七〇年代に、技術的な知識を要する事務職が増えると、到達度が測定可能な能力を実際に示してみせた男女を経営者は雇用するようになった。

大学への入学者も劇的に増加している。成長する経済は技能と教育のある労働者を求めたが、これは、アイルランドや南ヨーロッパ・東ヨーロッパから北アメリカに移住した人々の子孫がアメリカ社会に溶け込むことを意味した。イギリスでは一九四四年以降、中流および労働者層の子供は十一歳でＩＱテストを受け、優秀者は管理職に就くための学校教育を受けるようになった。エリート層が大いに優先されている点は変わりなかったが、職業上の技能や教育を受けたという経歴が血統より価値をもつようになりつつあったのである。

同様に、女でも男でも知的に同等であるとするフェミニストの議論も支持を得るようになる。なるほど、戦後すぐは、早い年齢で結婚し多くの子供をもうけた女性達によって、男女の役割についてのステレオタイプは戦前よりも強まった。しかし、戦後に経済が急成長すると女性の労働力も求められるようになり、妻や母親を含む中流階級の女性が家の外へ出て働くことに関する評価は一九六〇年代に変わり始める。そして、ひとたび多くの女性が仕事に携わってみると、従来は男性が行っていた仕事をこなす能力が女性にも十分あることが示されたのである。

一九六〇～一九七〇年くらいまで、遺伝の科学はめざましい進歩を遂げもしたが、有能な生物学者達が人間性を否定する史上最悪の犯罪に手を染めるという事態も生じていた。遺伝学者達が社会政策に巻き込まれるのを警戒するようになったのは、第二次世界大戦後のことにすぎない。しかし、遺伝の科学を人々の目に触れないようにしつづけることなどできはしない。そのうえ今や、ゆくゆくはヒトのゲノムを改変していく可能性までもが垣間見えてくるようになると希望的観測をする人もいれば、恐ろしい将来が待ち受けていると思う人もいるといったところにまで来ているといえよう（どちらかは個人の見解による）。一九六三年、アメリカの生物学者ジョシュア・レダーバーグは、実際に起こり得る不都合を認識して、〔人間を改変していこうとする〕このような考えを、錬金術を意味する「アルケミー」と「遺伝学（ジェネティックス）」を合わせて「アルジェニー」と名づけた。まさにその十年後、遺伝学者は実験室内で別々の種由来の遺伝子からなる最初のＤＮＡ分子を生み出すことに成功している。人類が進歩するのに通常要する時間を早める方法を科学は獲得したのである。

7

新たな地平

過去五〇年にわたる潮流は、私達の遺伝観に深い影響を与えてきた。遺伝の科学は目を見張る進歩を続け、その諸発見は研究室の外で営まれる人間の生活によりいっそうの意味をもつようになりつつある。遺伝の研究は、病気の捉え方や治療方法を変え、私達が購入する食品の成分を変更し、過去の進化のありさまをどう理解するかを書き換えてきた。遺伝の科学は洗練されたが、遺伝子決定論のイデオロギーは確実に残っている。違う民族をヒトとみなさない考え方は近年の大虐殺をもたらし、人種的不平等を継続させている。しかし、ここでも現代になりこの傾向が変化しつつあるのがわかる。あからさまな生物学的エリート主義・人種差別・女性蔑視は、安定した民主社会で衰退している証拠がある。はたして、この傾向がこの先もずっと続くのかどうか。これはまったく不明瞭である。

組み換えＤＮＡの誕生

一九六〇年代の終わりまでに、分子生物学の分野は爆発的に成長する一歩手前まで来ていた。

爆発的成長は、遺伝研究にうまく利用できる一群の酵素が見つかったことが引き金となって起こった。これらの酵素が巧妙に遺伝研究に応用されたのである。まず一九五六年、アーサー・コーンバーグが大腸菌からある酵素を分離した。この酵素は、ＤＮＡを複製するにあたって、相補的な鎖状ＤＮＡをつくるために、ヌクレオチドをつなぎ合わせることができる。

コーンバーグはこれを「ＤＮＡポリメラーゼ」と呼んだ。次に、科学者達は一九六七年「リガーゼ」という酵素を精製した。これは、紫外線を浴びて壊れたＤＮＡ鎖の再構築という大事な役目を果たす。三つ目に、研究者達は「制限酵素」を見つけた。バクテリアは、侵入してきたウイルスのＤＮＡを破壊するため、防御用の酵素を進化させてきたことを研究者達は発見した。一九七〇年に初めて単離された「制限酵素」は、ＤＮＡを特定のヌクレオチド配列のところで切断する。たとえば、*EcoRI*という制限酵素はＧＡＡＴＴＣという塩基配列とその相補的配列と出合ったときにその鎖を切断する。

これらの酵素が組み換えＤＮＡの分野を開拓するきっかけとなった。一九七二年、スタンフォード大学のポール・バーグの研究チームは、これまでの技術革新を基にして研究を行い、世界で最初に組み換えＤＮＡの分子をつくるのに成功している。彼らは、制限酵素を用いてファージからＤＮＡの塊を切り出した。その後、サルのウイルスであるＳＶ40のリング状の染色体を切り開いた。そして、これらを混ぜ、リガーゼで結合させ、ファージのＤＮＡをＳＶ40染色体に導入した。こうして、バーグの研究チームは初めて遺伝子のキメラをつくるのに成功したのである。〔末端デオキシヌクレオチド転移酵素という〕別の酵素を用いて、この過程は改良された。この酵素は、ファージの〔一方の鎖の〕ＤＮＡ端にも、ＳＶ40の〔一方の鎖の〕ＤＮＡ端にもヌクレオチドを継ぎ足す。こうしてＤＮＡ鎖には突出部ができるが、この突出末端すなわち「粘着末端」で、二つのＤＮＡ配列は結合しやすくなる。同時期に、カリフォルニア大学サンフランシスコ校のハーバート・ボイヤーや、スタンフォード大学のスタンリー・コーエンは細菌プラスミドを発見している。これは、バクテリア細胞内の核様体外部に存在する小さなリング状の染色体で、複製能力をもつ。彼らは、もし外来の遺伝子をプラスミドに挿入したら、バクテリアの細胞がもつ複製機構によって、その外来遺伝子の複製が何百万もつくられるかどうかを調べた。そして、一九七三年にボイヤーとコーエンはこの研究に成功している。彼らが、カエルのＤＮＡをある程度の量プラスミドに何とか挿入したところ、大腸菌内でプラスミドが増殖したのである。

今や、適切な調節配列に沿って、ＤＮＡの断片をファージあるいはプラスミドに「組み入れる」ことができるようになり、そのＤＮＡの断片がどういうタンパク質を生産するかが分析できるようになった。基本的な発想はこうなる。比較的よくわかっている生物に、あるＤＮＡの断片を組み込んでみよ。そのとき、何がつくられるかを調べれば、私達は、ある生物種のＤＮＡについて、より知識を得ることができる。

そして、科学者が新たな制限酵素を発見すればするほど、この方法はますます重要になっていった。新たな制限酵素は異なった配列部位でＤＮＡを切断するため、新しいＤＮＡ断片が得られるようになるのだから。ウィスコンシン大学マディソン校のハワード・テミンや、マサチューセッツ工科大学のデビッド・ボルティモアは、個々の遺伝子のクローンをより簡単に作成する方法を見つけた。「レトロウイルス」は、ＲＮＡを二重鎖のＤＮＡに変える能力をもつ。自らのＲＮＡをＤＮＡに変えたうえで、巧みに宿主のゲノムのなかに入り込むのである。テミンとボルティモアは、この現象を説明できる酵素を探し求めた。研究は実を結び、彼らはそれぞれ一九七〇年に独立に「逆転写」酵素を発見している。この発見によって、細胞からｍＲＮＡを抽出し、逆転写酵素を用いてその配列に対応するＤＮＡ鎖を得、ファージあるいはプラスミドに組み込み、遺伝子を複製する方法が可能になった。

人間の病気が遺伝子組み換え法の研究対象となることは明らかだろう。がん遺伝学は、一九七一年にリチャード・ニクソンが「がんとの闘い」を宣言後、研究の予算が増えたこともあり、大きく進歩していた。研究者達は、がん遺伝子と呼ばれる遺伝子ファミリーの活動によって、がんが発現することを突き止めた。がん遺伝子は、細胞分裂の調節に関わっている。がん遺伝子に突然変異が起こると、細胞に分裂を促す信号が出されたままになってしまう過失が生じる。また、〈腫瘍抑制因子〉として振る舞う遺伝子が不活性化されるような突然変異が起こった結果としても、癌は発生する。そして、以下のようなイメージが出来上がった。ゲノムというものはダメージを受けやすい。しかし、癌に抗する洗練された機構も備えつけられている。そのため、通常は突然変異がいくつも積み重なって初めて、細胞が統制から離れて増殖し続けてしまうようになる。遺伝子のこうした過程の研究が詳細にできるようになったのも、組み換え技術の出現によってであった。

一九八〇年代の初めには、ハーバード大学のフィリップ・レダーやティモシー・スチュワートが、がんを発現しやすい「遺伝子組み換え」マウスをつくるのに世界で初めて成功している。彼らは遺伝子組み換え法を用いて、マウスが罹患しやすいレトロウイルスにがん遺伝子を挿入し、顕微注入法でマウスの胚内にウイルスを注入した。

レダーとスチュワートは、吸収率の低さに苦戦しながらも、いくつかの胚でウイルスが逆転写酵素を使い、がん遺伝子を含むＤＮＡをマウスの生殖細胞〔内のＤＮＡ〕へ挿入することを発見した。一九八八年までにオンコマウスとして知られる特許を認められた生命体が市販されるようになり、科学者達はかつてないほど容易にがん遺伝学を研究できるようになった。その後すぐに、生物学者は遺伝子をマウスの胚性幹（ＥＳ）細胞に注入する方法を会得した。これらの細胞は、体のどの部分（胎盤を除く）にでもなることができる。特定の細胞になるように指示する信号をまだ受け取っていないからである。生物学者はＥＳ細胞を抽出し、特別な長さに設計された改変遺伝子を含むＤＮＡにＥＳ細胞を暴露させた。およそ千分の一の頻度で、外来の遺伝子と元々の遺伝子が、一九〇〇年代の初めにモーガンが発見した染色体の交叉のような現象を起こした。次に、組み換えＥＳ細胞をマウスの胚に注入したところ、いくつかのＥＳ細胞はそうした変異をもったまま生殖細胞へと分化していったのである。この方法で、ある遺伝子が機能しない「ノックアウト」マウスをつくり、正常な遺伝子の働きに光を投げかけることができる。また、機能をもつＤＮＡ配列を新たに追加した「ノックイン」マウスも作成可能になった。

現代の遺伝子研究は、このように遺伝子の組み換えられた動物モデルに大きく頼っている（１７８ページ図19）。てんかん・アルツハイマー病・がん・肥満・心疾患・パーキンソン病・不安障害等々、多くの疾患モデルとなるようにプログラムされた生物を、研究者は作成したり購入したりできる。マウスとヒトの遺伝子の機能には大きな違いがあるとはいえ、マウスのモデルはまたヒトと十分似てもいて、広範な病気がどう始まるかに関わりのある遺伝子の発現と細胞内の代謝経路について、非常に多くの情報を提供してくれる。

遺伝子ハンティング

制限酵素はほかにもすばらしい可能性を秘めていた。この酵素により、個々の遺伝子が染色体のどこにあるかを追跡できるようになったのである。

ヒトのゲノムは30億もの塩基対からなる。そこからある特定の一つの遺伝子座を同定することは常に難題であり続けていた。しかし、一九七〇年代の終わりにある発見がなされ、これが可能だと考えられるよう

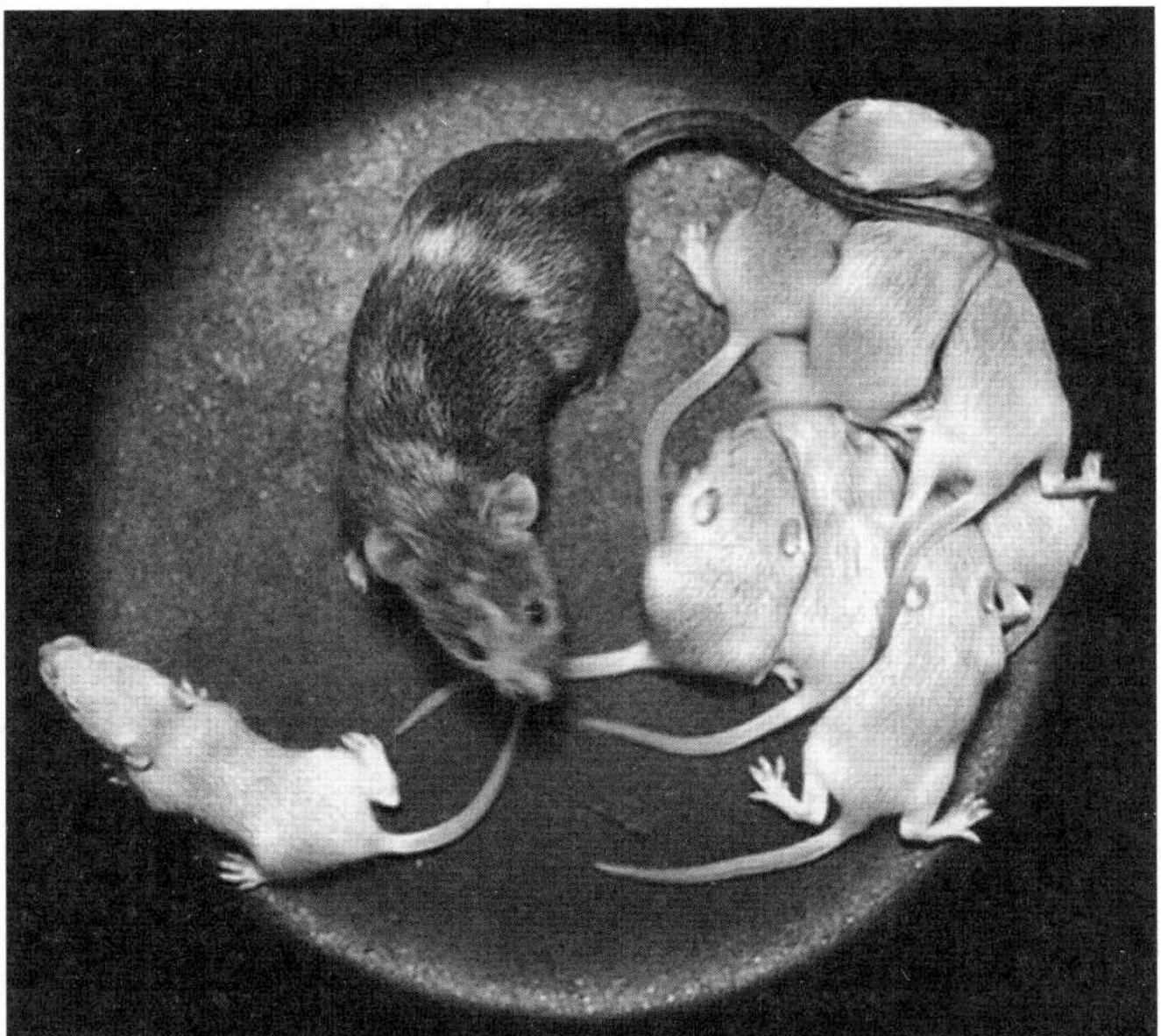

図19　ノックアウト・マウス。写真内の茶色のマウスが父親で、白いマウスは子供である。父親マウスのいくつかの幹細胞は遺伝子が機能しないように改変されている。改変された遺伝子は、毛の色を白くする遺伝子と行動をともにするように設計されていた。これにより、どの子供が改変遺伝子を受け継いだのかが、研究者にわかる仕組みになっている。

になった。制限酵素で染色体を切断すると、個体が異なれば違う結果が得られることがはっきりしたのである。これは次の理由による。私達は誰もが、たとえばＧがＡに替わるというような「1塩基置換の変異」を親から受け継いでいる。これによって配列が各人で異なり、特定の制限酵素によって切断される配列となっている場合もあれば、そうでない場合もある。その結果、制限酵素はそれぞれのヒトのゲノムを異なった長さの断片群に切断する。この変異を「制限酵素断片長多型（Restriction Fragment Length Polymorphism）」、略してＲＦＬＰと呼ぶ。

ヒトがもつＲＦＬＰの独特な配列はサザン・ブロット法によって視覚化できる。同法は一九七五年にエジンバラ大学のエドワード・サザンが考案した。この手法において、制限酵素が適用されるのはＤＮＡの長さに対してである。ＲＦＬＰをゲル上に置き、電圧をかけると、〔長さに応じて移動距離が違うので、ＲＦＬＰは長さごとに〕分離される。それから、ＤＮＡ鎖は〔長さごとに分離されたパターンを保ったまま〕ナイロンの膜に移しとられ、膜上に固定される。これをブロッティングという。それから、特定のＲＦＬＰ上に存在することがわかっている短いＤＮＡ配列〔に対応する相補的な配列〕に、放射線を放つ分子をつけた「プローブ（探査用配列）」を作成し、それでナイロン膜の表面を流し洗う。すると、プローブは〔ＲＦＬＰ上の標的となる〕相補的塩基配列と結合する（これを「ハイブリダイゼーション（分子交雑）」という）。これのＸ線写真を撮れば、特定のＲＦＬＰの存在（パターン）を確認できる。

一九八〇年に生物学者デビッド・ボットスタインと研究チームは、病気の原因となる遺伝子がゲノム上で特定のＲＦＬＰ近くに存在する場合、二つともに受け継がれることが多いことを理解した。このような場合には、ＲＦＬＰの場所から病気をもつ遺伝子のおおまかな位置を知ることができる。これを踏まえて、アメリカの遺伝学者*ナンシー・ウェクスラーとジム・グゼッラは、一九八一年、ハンティントン病（ＨＤ）の遺伝子の探索を開始した。ＨＤはメンデル遺伝学のいう顕性遺伝子が引き起こし、運動障害や精神的混乱をきたし、最終的には死に至る病である。二人は、ＨＤと挙動をともにする既知のヒトのＲＦＬＰを調べ始めたのである。多くの人が悲劇的にもこの重い病気に苦しんでいるベネズエラの農村にウェクスラーはおもむき、何百人という患者の血液試料をもち帰った。

ボストンに戻ると、グゼッラが制限酵素でＤＮＡを切断し、多くの放射性ＤＮＡプローブをＲＦＬＰのサンプルに適用した。二人は、ＨＤに苦しむ患者のゲノムと分子交雑するが、幸いにもＨＤを免れている人のゲノムとは分子交雑しないプローブが現れるのを願った。そして、グゼッラはそうしたプローブを一つ見つけた。Ｇ８と呼ばれるプローブが、ＨＤの罹患患者のＤＮＡが存在する場合のみ、Ｘ線写真上で浮かび上がるのを見出したのだった。明らかに、ＨＤの遺伝子をも含むＤＮＡ配列に相補的なＤＮＡ配列を、Ｇ８プローブは含んでいた。次に、ウェクスラーとグゼッラは、染色体のどこにその遺伝子が位置するかを知るため、「*in situ* ハイブリダイゼーション（イン・サイチュー分子交雑）」と呼ばれる新たな技法を使った。

in situ ハイブリダイゼーションでは染色体のある部位を化学的に解き、分離し露呈したＤＮＡ鎖にプローブを適用する。ウェクスラーとグゼッラがＧ８プローブで実施したところ、４番染色体短腕の先端で分子交雑されることを発見した。二人はこうしてＨＤ遺伝子のおおまかな位置を特定することができた。

一九八〇年代の半ばまでに、生物学者は遺伝子の位置をさらに正確に特定する「染色体歩行法」を使えるようになった。この方法は、「目的とする遺伝子の近くにあることがわかっている」ＲＦＬＰをマーカーとして用いるところから始まる。ＤＮＡ鎖に沿って、そのＲＦＬＰを開始点として相補鎖を延伸させ、ＤＮＡの小さな断片を得、それをクローン化する。「そのクローンに目的とする遺伝子が含まれていなければ、相補鎖の終点部分を新たな開始点として、同じ作業を繰り返す。」こうして、目的とする形質をコードしていると

＊　ウェクスラー自身、ＨＤの家系に生まれた。

思われる遺伝子を徐々に特定していく。一九八九年にイギリスの遺伝学者ピーター・グッドフェローは、この技法を使って、男性の精巣を発達させることに関わると考えるに足る、Ｙ染色体のとある遺伝子（ＳＲＹ）を見つけた。[*1]スワイヤー症候群の人は、生物学上は女性に見えるのだが、実は男性用のＹ染色体をもっている。スワイヤー症候群の人は、まさにこのＳＲＹに変異が生じていることをグッドフェローは示し、「ＳＲＹが男性化の責任遺伝子であることの」決着をつけたのである。同時期にほかの重要な遺伝子も多数発見されている。たとえば、一九八九年にはトロントのラップチィ・ツィ（徐立之）とジャック・リオーダン、ミシガン大学のフランシス・コリンズが協力して、嚢胞性線維症（ＣＦ）の遺伝子座を突き止めている。ＣＦは、汗や消化液・鼻汁の塩分が危険な状態となる病だが、これは、[*2]三塩基対の欠失により欠陥タンパク質が生じることで起こっていた。

ヒト遺伝子の塩基配列を求める

遺伝学者達は、右記に併行して、個々人の遺伝子を形成しているＡ・Ｔ・Ｃ・Ｇの実際の並び方を求める「シークエンシング」能力を高めていった。病気を引き起こす遺伝子を特定する技術が進歩したのも、この能力のおかげである。一九七〇年代後半に、ハーバード大学のウォルター・ギルバートとアラン・マクサム、ケンブリッジ大学のフレデリック・サンガーは、同じ目的をもった異なる方法を考案した（図20）。ＤＮＡの「シークエンシング」によって、人間を始めとする「真核生物」のゲノムの驚くべき真実を発見す

＊１　子宮は正常にできるが、卵巣がうまく発達しないなどの症状をもつ。

＊２　今日では第七染色体上のＣＦＴＲ遺伝子の変更で生じることがわかっている。変異は二〇〇種近くある。

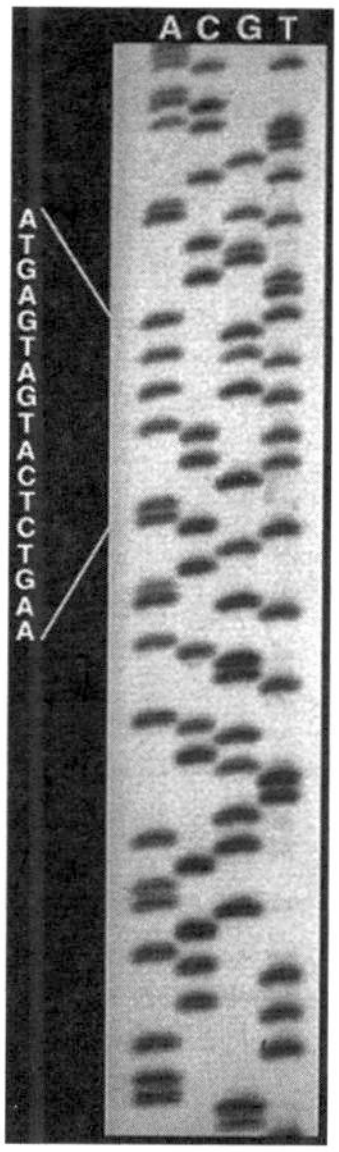

図20　フレッド･サンガーの考案した方法によるDNAコードの読み取り。この方法では、相補的DNAの正常な形成が妨げられ、新しい鎖は元々のDNA配列における異なった種類の塩基のところまでしか伸びていかない。〔たとえば、本来Aが来るはずの箇所で合成が中止される。T・G・Cに対しても同様な操作が行われる。元々の配列上にAが、2・3・49番目にあったとしたら、Aで止める操作をした結果、長さが2・3・49の鎖が得られる。〕それらに、ゲルを用いて電圧をかけると〔サイズによって移動距離が異なるので〕鎖をサイズごとに分けることができる。サイズごとに順番に並んだ帯を図のように配置すれば、全配列を求めることができる。

ることとなる。ゲノムはきちんと区切られた区域に分かれており、遺伝子はそれぞれの区域にきちんと収納されていると私達は予期するかもしれない。だが、私達の遺伝子は通常そうはなっていない。そうではなく、一つの遺伝子は、「タンパク質に対応するような」コードがなされていない長い塩基対によって、いくつものパーツに分断されて納められていたのである。

一九七七年にギルバートはコードされていない区域を〈イントロン〉、コードされている部分を〈エクソン〉と名づけた。コードされている配列にイントロンが割り込んでいる事実は、「スタート」と「ストップ」を指令するコドンの間に存在する連続したコードをただ写し取る以上の役割を、転写装置が果たしていることを意味する。ある遺伝子に関与する、いくつかのイントロンといくつかのエクソンからなるひとつらなりの配列が転写され、〈ｍＲＮＡ前駆体〉がひとたび形成されたあとで、〈スプライセオソーム〉と呼ばれる「タンパク質とＲＮＡから構成される」細胞内構造体が、イントロンを切り出し、エクソンのみを繋げ、機能する分子をつくり出す。

ヒトのもつすべてのゲノムをシークエンシングするという構想は、一九八六年の夏にコールド・スプリング・ハーバー研究所の会合で具体化した。技術の進歩によりこのプロジェクトはどんどん現実味を帯びてきた。一九八〇年代後半にカリフォルニアのバイオテクノロジー企業であるシータス社のキャリー・マリスが、個々のＤＮＡ配列の複製を、迅速に膨大な数つくる方法を考案した。この方法はポリメラーゼ連鎖反応（ＰＣＲ）法と呼ばれる。ＤＮＡポリメラーゼの中には熱に強いタイプが存在する。そうしたＤＮＡポリメラーゼの存在下では、高温化することによって、ＤＮＡ鎖は分離し相補的な鎖が形成される。加熱と冷却を何十回と繰り返せば、ポリメラーゼによって、元のＤＮＡの断片から遺伝分析に必要となる何千あるいは何万という数の複製に「増幅される」。また、一九八五年にカリフォルニアに拠点を置く企業アプライドバイオシステムズが、サンガーのシークエンシングの方法を自動化したことで、遺伝のコードを読み解く技術も迅速かつ低コストで行えるようになった。機械上の課題はいくつか残っていたものの、ヒトゲノム計画（ＨＧＰ）は軌道に乗る段階に至っていたのである。

一九九〇年には、初めはワトソンの、のちにフランシス・コリンズの指揮の下、アメリカ・イギリス・フランス・ドイツ・日本の国際チームが協力して、ヒトゲノムをシークエンシングする技術開発に着手した。しかし、技術開発という大きな壁への挑戦に直面しなければならなかったし、優れた生物学者であり起業家のクレイグ・ヴェンターが、公的に予算の組まれたこのプロジェクトを打ち負かすと発表した際は、国際チームのその挑戦は剣呑な雰囲気に包まれたものとなった。ヴェンターが立ち上げた企業であるセレラは莫大な金額の投資を確保しており、メリーランド州に300台のシークエンシング用機器を備えた大きな施設をつくることができた。というのも、投資家達は医療に関連するシークエンシングが成功して特許を得ることで膨大な利益を見込んでいたからである。

結局、コリンズとヴェンターの開発プロジェクトは並行して別々に同様な足並みで進められ、二〇〇〇年六月二六日、ヒト・ゲノムの「最初の概要（ドラフト）」が〔両者によって独立に〕解明されたという発表がビル・クリントン大統領によりなされた。実際のところは、構造遺伝子が多くコードされている領域の約90％しか配列が決定されていなかったが、約束されていた概要に、はるかに届いていないというわけでもない。コリンズのチームが開発した方法を用いて、二〇〇四年までにヒトのDNA内の構造遺伝子が多くコードされている領域の99％の配列が読み取られた。

また、機敏にも、この公的なプロジェクトによるヒト・ゲノムのコードは、インターネットにより無料で閲覧できることが保証された。

遺伝子マイクロアレイの出現

遺伝子がゲノム上のどこにコードされているか、その位置を示すのに不可欠な参照配列をヒト・ゲノム計画は提示してくれた。とはいえ、個々の遺伝子が実際にどういう働きをしているかについては、限られた知見しか与えてくれなかった。一九九〇年代半ばに、ＤＮＡマイクロアレイが導入されたことで、ある機能と関連しているのはどの遺伝子かを生物学者が知る効率が劇的に改善された。マイクロアレイはガラス・プラスチック・シリコンなどの〔整然と配置された〕何千という小区画から成り、それぞれの小区画には、配列や染色体の位置が既に解明されている各種のＤＮＡプローブが固定されている（図21）。

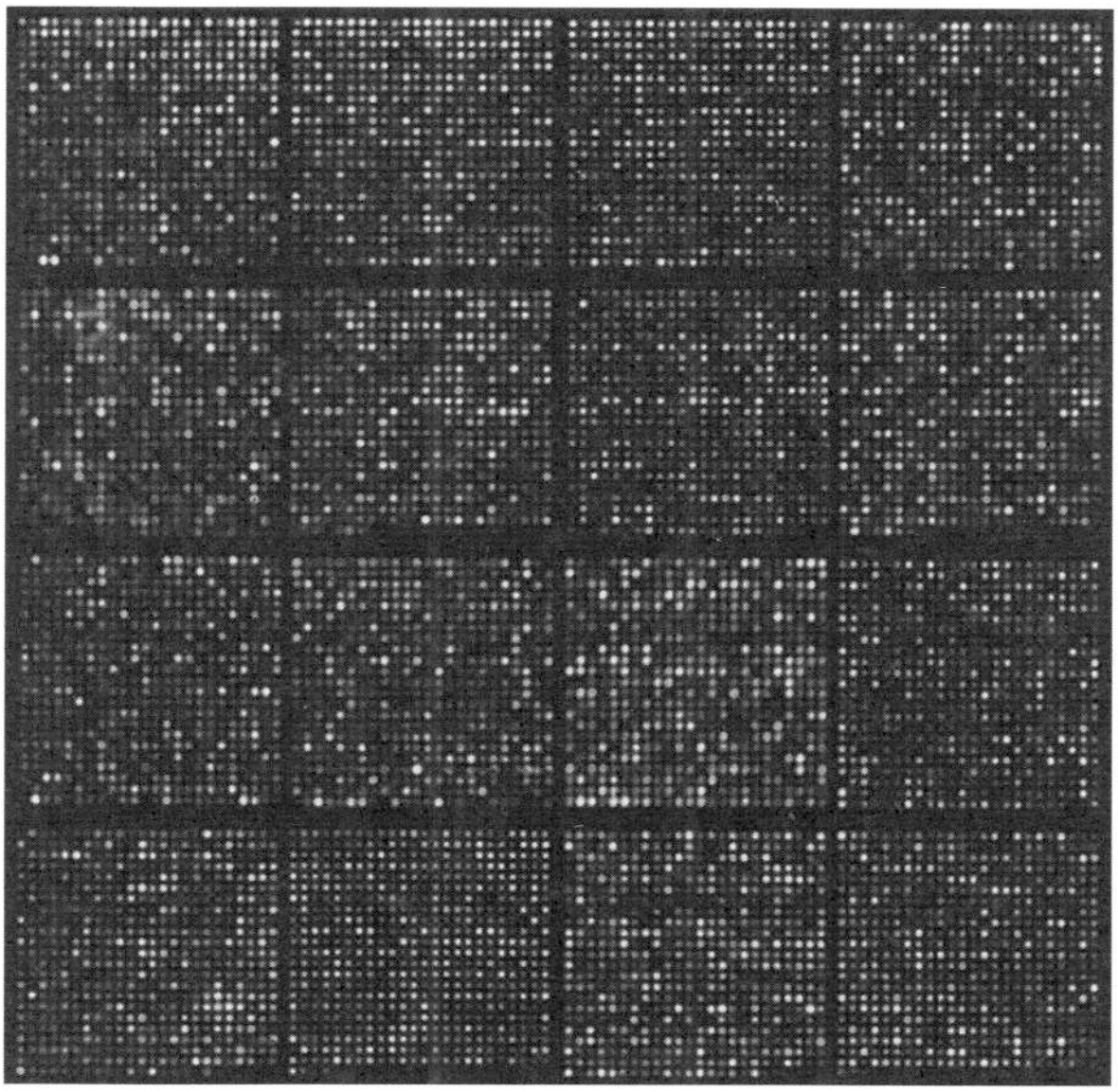

図21　遺伝子マイクロアレイ。蛍光は、マウスのいろいろな組織における遺伝子の活動度合いを示している。

プローブの一つひとつを実質上印刷技術を用いて固定化してくれるロボットが利用できるようになり、マイクロアレイは非常に効率的に作成できるようになった。研究者は、まず、興味の対象である細胞から〔そのときその細胞で発現しているほぼすべての〕ｍＲＮＡを手に入れる。そして、逆転写酵素で相補的ＤＮＡにし、蛍光染料でマークする。蛍光染料をマークされた相補的ＤＮＡ鎖がアレイに導き入れられると、いずれかの相補的プローブと交雑する。蛍光の度合が強いということは、研究試料中に特定のプローブと結びつく相補的ＤＮＡ鎖が多いことを表す。これにより、〔その細胞ではその時点で〕どの遺伝子がどのくらい発現しているかが、各遺伝子についてわかるという仕組みになっている。

ＤＮＡマイクロアレイは特に、遺伝病の中でも、どの遺伝子が要因なのか、見当のつきにくい場合に、生物学者達に探究の手段を与えてくれる。患者群と健常者群それぞれの細胞からｍＲＮＡが取り出され、幅広い症状を示す人々において、誰にどの遺伝子が存在するのか、どの遺伝子が活発になっているのかを調べることができるからである。人の遺伝子の違いは大多数が〔Ａ－ＴのペアがＧ－Ｃに変わるといった〕単一のヌクレオチドの変異であり、これは一塩基多型（ＳＮＰ）と呼ばれるのだが、ある共同研究によって何百万も同定された。このような研究がなされたあとでは、ＤＮＡマイクロアレイの威力は格段に増した。

これによって二〇〇五年以降はゲノムワイド関連解析（ＧＷＡ）も可能となった。膨大な数のさまざまな一塩基多型が検出できるようにマイクロアレイを調整し、ある形質を持った人々のＤＮＡ断片と持ってない人達のそれをマイクロアレイに導き入れる。ある特定の一塩基多型とＤＮＡ断片が交雑を起こしたとすれば、その一塩基多型が位置する染色体領域中の遺伝子とその形質を持つことに因果関係が示唆される。

しかし実際のところ、とても多くの形質が複数の遺伝子座の複雑な相互作用によって生じているため、特定の表現型と一塩基多型の関係を明確に示すのは難しいことがわかってきた。そこで、生物学者達はかつてないほど高密度なマイクロアレイと、かつてないほど多い試料を用いつつある。二〇一六年、『*Nature*（ネイチャー）』誌に、現代のＧＷＡ研究の驚くべき規模を示す論文が掲載された。この論文でハーバード大学の研究者達が追究したのは、Ｃ４遺伝子と統合失調症の関連性を示す証拠である。事実、遺伝子の変異とＳＮＰが関連してさえいれば、ＧＷＡによって解明が可能なはずなのである。

この研究では、３万名近い統合失調症の患者群と３万５０００名を超える対照群が調べられた。そして、ある型のＣ４遺伝子が間違いなく統合失調症と関係していることが示された、しかし、いくらマイクロアレイに膨大な数の一塩基多型を用意できるとしても、ヒト・ゲノムを構成する30億の塩基対からすれば、抽出された標本にすぎない。そこで、遺伝研究は全ゲノム配列の全比較へとシフトしていく。そして、二〇〇〇年以降、ロボット学や、かつてないほど高性能なコンピュータ、複雑な数学によって、この取り組みが経済的にも技術的にも可能となった。ヒト・ゲノム計画には30億ドルが費やされたが、今や、１０００ドル台でゲノムを読み取ることができるし、費用はさらに下がり続けている。

新事実

遺伝子研究は、驚くべき事実も発見している。私達のＤＮＡのらせん状の梯子にかけられたおよそ30億段の上には、タンパク質をコードする遺伝子が、たった２万６８７個分散しているだけであることがわかった。これは小麦の四分の一にも満たず、また単純な構造の回虫よりも１７９６個多いだけである。また、生物学者達は、一つの遺伝子にはイントロンが挿入されているのだが、すべてが読み取られる場合もあれば、一部しか読み取られない場合もあることを学んだ。つまり、状況によって、同じ配列部分が二つ以上のタンパク質のコードに関わるのである。これは「選択的スプライシング」と呼ばれる。さらに多くの人を驚かせたのは、我々のＤＮＡの約１％しかタンパク質をコードしておらず、また遺伝子発現の調整には10％以下くらいしか使われていないのが計算によって判明したことである。

どのように遺伝子発現が行われているかについての私達の了解は、エピジェネティクスの研究によって、一層の複雑さを増すことになった。一九九〇年代半ばに、通常はＤＮＡの足場としての役割をもつヒストンタンパク質が遺伝子の発現に影響を及ぼし得ることが発見された。そのうえ、ＤＮＡメチル化とヒストン修飾はＤＮＡが複製されても維持される。二〇一三年の研究では、オスのラットにある匂いを嗅がせると同時に電気ショックを与えた。

そのラットの「子供」や「孫」は、そのような経験をしていないにもかかわらず、父親あるいは祖父が晒された匂いに敏感で、匂いを嗅ぐと緊張が走ることが後々判明した。これは、何らかの仕方で、〔匂いに関する〕化学信号がラットの精巣にまで達し、その匂いの受容体の遺伝子の発現が高くなるように設定されたことを表す。このような世代間伝達の能力は、ありそうな環境状況によりよく準備するために進化してきたのだろう。ヒトという種のゲノム内部でエピジェニックな機構がどの程度働いているかについては、とりわけ質のよい、まとまった疫学データに欠けるため、藪のなかである。

機能がわかっていないＤＮＡが膨大にあるというのは驚くべき事実の一つである。「ジャンクＤＮＡ」などと呼ばれてはいるが、本当に機能をもたないＤＮＡなのかは結論が出ておらず、激しい議論が交わされている。多くの「ジャンク」ＤＮＡが存在する部分は、進化する前の祖先の体内では機能をしていたが、今では機能をもたない遺伝子の残余物（「偽遺伝子」と呼ばれる）からなる。ほかのコードしていない部位には、遠い昔にゲノムに入り込んだＲＮＡレトロウイルスのなれの果てが存在している。まあ居候といったところだ。おそらく最も魅力的なのは〈トランスポゾン（転移因子）〉だろう。このＤＮＡ鎖はゲノム内で位置を変えることができる。最初にこの可動遺伝因子をマクリントックが発見したのは一九四〇年代である。現在ではこの因子がヒトゲノムの40％を占めていることがわかっている。遺伝コードの分析により、進化過程の謎も多く解けた。真核細胞は――たとえば、私達の身体も真核細胞からできている――、およそ十五億年前にある単細胞生物が他の細胞内に永住し始め、やがて共生の関係を築くようになったときに出現したと考えられている。ミトコンドリアは真核細胞内の小さい構造体で、エネルギーを使用可能な形態に変える役割を果たしてくれているのだが、これはさまざまなリケッチアというバクテリアに由来することが、今では広く認められている。というのも、ミトコンドリアのもつＤＮＡとリケッチアのそれは、驚くほど配列が一致しているからである。また遺伝学は、現在生存している種の進化上の関係性に光を当てた。現存している生物は、遺伝子が根本的に類似しており、そのすべてが三五億年前に生きていた、最直近の普遍共通祖先の子孫であることがわかっている。また、生物学者は、個々の種同士の近縁度についても調べている。ある祖先種が二つの子孫種に分岐したあと、それぞれの子孫種に変異が蓄積されていく。したがって、種間の遺伝的相違を調べれば、進化系統樹を再構築することができる。たとえば、私達人類はチンパンジーと98％以上も同じＤＮＡをもつことがわかっているが、これはアフリカゾウとインドゾウの差異と同程度である。

　また、変異の速度を推定することで、元の霊長類から人類となった進化上の分岐のタイミングをおおまかに計算することができる。ヘモグロビンの構成するタンパク質の一つであるベータグロビンの遺伝子配列を比較すると、チンパンジーとヒトでは1.6％しか違っていない。これは、祖先種からホモ・サピエンスへと至る種が分岐し始めたのは〔すなわち、直立歩行するタイプの霊長類が出現したのは〕六〇〇万年前であることを示唆している。

　遺伝子のデータは特に、ヒトの進化と移動のタイミングを再構築するのに重要な鍵となる。一九八七年にアラン・ウィルソン、マーク・ストーンキング、レベッカ・Ｃ・キャンは５カ所の異なる地域から１４７名のミトコンドリアＤＮＡを採取し、遺伝子の差異を調べた。差異の度合は、私達ホモ・サピエンス自体が進化したのは、たった二〇万年前にすぎないことを示していた。また、アフリカ人から採取したＤＮＡ試料が、ほとんどすべての変異を含んでいたことから、人類はアフリカ大陸で進化し始めたという有力な証拠を得た。非アフリカ人の制限酵素断片長多型ＲＦＬＰは、アフリカ人より少ない。これは主として次の理由によると考えると辻褄が合う。非アフリカ人はあるときアフリカを小集団で発った人々の子孫である。したがって、小集団のもつＲＦＬＰは、アフリカ人全体のＲＦＬＰの一部分（部分集合）でしかなく、小集団の子孫もその部分集合を基本的に維持してきた（図22）。その後の研究により、この基本的な発見の正しさが確証された。遺伝子の多様性は、アフリカにおける人類の進化的ゆりかごから距離が遠くなるほど減少している。イギリスの古生物学者クリス・ストリンガーは「私達は皮膚の下は皆アフリカ人である」と結論づけた。

ＰＣＲ検査の発明と高性能コンピュータの能力により、絶滅したヒト科生物の希少なＤＮＡ

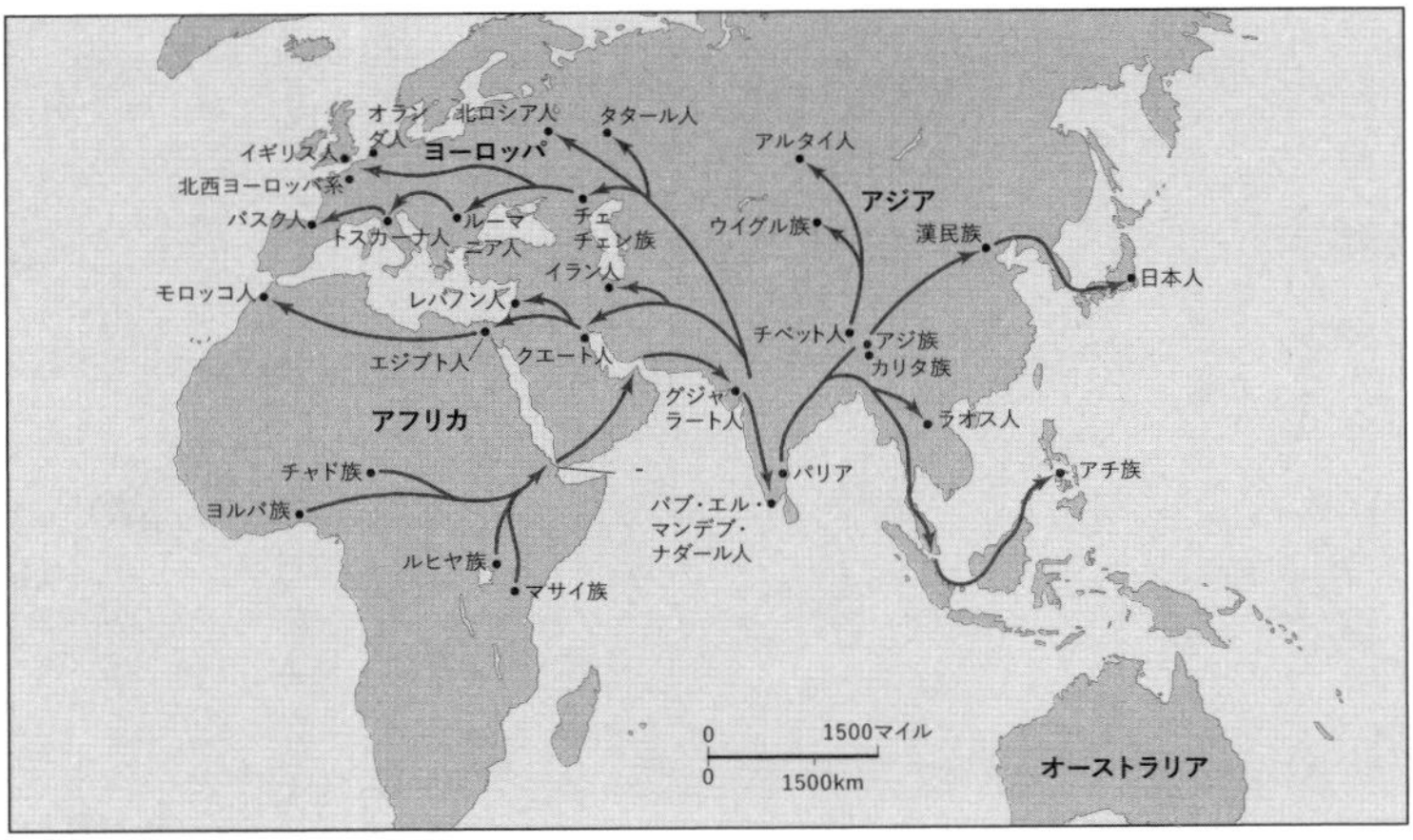

図22 DNA分析を基に推定したアフリカから移動したヒトの経路と方向

の配列を読むことさえ可能になった。スウェーデンの生物学者スバンテ・ペーボはこの分野の第一人者である。ヨーロッパ・中国・ニューギニアに定住したホモ・サピエンスの子孫は、現在、ネアンデルタール人のＤＮＡを２％もっているという、ペーボの研究チームが突き止めた事実は人々を驚かせた。二〇一一年にペーボは、四万年以上前にシベリアで死んだデニソワ人と呼ばれる古代人類の少女の指の骨から採取したＤＮＡの配列を読み取った。そして、現存するメラネシア人と３％以上のゲノムがデニソワ人と同じであることがわかった。「アフリカからであれ、メラネシアからであれ、シベリアまで移動していった」デニソワ人の部族は、慣れぬ環境下でも生き残れるような適応を積み重ね続けたのだろう。

何より、ゲノムの読み取りによって、私達人類は皆それぞれ非常に似た遺伝子をもっていることが明確になった。私達のゲノムは通常、千塩基のうちたった一つが異なるにすぎない。それも、これらの差異の大多数は、タンパク質をコードする部分以外に存在する。また、遺伝的な違いが最も大きい事例は集団内に見つかる。二〇〇二年に行われた52カ所の地域の１０００名以上を対象にした３７７の遺伝子座の研究では、95％の違いは集団内のものであり、主要な集団間にまたがった違いはたった5％という結果になった。「ある集団内の遺伝子が均質であり、ほかの集団もまた別の均質さをもっており、集団間でのみ遺伝子がかなり異なるといったような、以前想定されていたことは否定されたのである。〕ほとんどの変異はどの集団にも見られるものだ。ヒトは大きく移動し、また〔少なくとも遺伝的には〕同化し合っているのである。特定の大陸と関係づけられる対立遺伝子頻度も２～３存在する。

たとえば、ヨーロッパ人は白い肌の形成に関与しているＳＬＣ２４Ａ５という突然変異遺伝子をもっている。しかし、これ以外で、従来の生物学的な人種区分と結びつく大陸地域に応じた地理的勾配を示す対立遺伝子頻度は見つかっていない。

氏か育ちか、そして人間の脳

遺伝研究の根本的な目標は、どの程度人間の精神的特質は先天性があるのかを突き止めることである。初期の双子研究にはもっともな批判が浴びせかけられたが、その後ここ数十年で、方法はだいぶ改良されている。一九七九年に、ミネソタ大学のトーマス・ボーチャードは、別々に育てられた双子に関するミネソタ研究（Minnesota Study of Twin Reared Apart, MISTRA）を開始した。この二〇年に及ぶ研究では、離れて育ったＭＺ（一卵性双子）、離れて育ったＤＺ（二卵性双子）、同じ家で育ったＭＺ、同じ家で育ったＤＺ

の身体・精神・心理が比較された。

ＩＱの集団内変異の70％、性格のそれの50％が遺伝に起因するとボーチャードの研究チームは結論づけた。アメリカの遺伝学者ロバート・クロニンジャーは、新奇性の追究、損害の回避、報酬への依存、固執という四つの性格について、遺伝するという証拠を提示した。このほかの双子研究でも、統合失調症に見られる分散値の80％、および双極性障害の70％は遺伝によって説明がつくことを明らかにしている。

しかし、研究者達がすでに指摘しているように、こうした研究の結果が問題なくすべての人間集団に一般化できるわけではない。なぜなら、同じ遺伝子であっても、異なる環境・社会・文化・経済状況下では、違って発現され得るからである。よって、遺伝性の研究の結果については、研究を行った特定の集団のみにあてはまるということがよくある。ＩＱについては特に慎重な解釈が必要となる。バークレーの心理学者アーサー・ジェンセンは、一九六九年に発表した論文で、教育ではアフリカ系アメリカ人のＩＱ平均値を白人のレベルまで上げることはできないと主張している。ジェンセンらは、これをふまえて「補償教育」は浪費にすぎないと結論づけている。しかし、一体、知性のような多角的な現象を単純な数値として計測することができるのかという問題もさることながら、「人種」間でのＩＱテストが示す先天的な違いを主張する研究は、ステレオタイプが内面化された結果、「Ｉ

Ｑが低いとされる集団に属する人は、どうせできないのだからとＩＱを高める努力を控えるようになるため」その集団の平均点が低くなる可能性をたびたび度外視している。ある古典的な研究では、被験者に知能テストではなく単なるパズル解きにすぎないと告げた場合に、白人とアフリカ系アメリカ人のＩＱテストの点数のずれが事実上なくなるという結果が出ている。これは、ステレオタイプどおりの結果を出すことへの恐れがストレス反応となり、被験者が実際の能力を十全に発揮することが妨げられている可能性を示唆している。また、全人類のＩＱスコアはここ数十年で上がっているという事実は、認識能力とは固定されたものでないことを明確に示している。

同様に、現代のほとんどの研究者は、女性の知的能力は、生まれつき男性とは大きく異なるという古い考えに反論している。

たとえば、数学能力の男女差が主張されているのは、明らかに女性が政治や研究の場に出る機会が少ない国だけである。運動能力・性的行動・攻撃性などいくつかの側面を除けば、男女は心理学にとても似ているというのが一貫した結果だ。また、これらの例外となる特徴も、強い印象を与えるほど異なっているというわけでもない。男性は概してテストステロンの分泌が多く、より攻撃的に進化してきた可能性もないではない。しかし、男性の攻撃性の統計分布と女性のそれは、かなり重っている。また、男性は攻撃的であるべきではないとされる文化圏ではとりわけ、男女間の攻撃性の差は小さい。

分子レベルでの解析は、人間のさまざまな心理的側面に対する遺伝の役割を調べる新たな糸口となった。同性愛の男性は、父方よりも母方に多くゲイの親戚をもつ場合が多い。一九九〇年代初め、これに気づいたアメリカ国立衛生研究所のディーン・ヘイマーは、男性の同性愛とX染色体に何らかの関係があるのではないかと考えた。さらに分析を進めると、彼の研究対象であった男性同性愛者の兄弟40名のうち33名がXｑ２８と呼ばれるX染色体の部位が短いことが判明した。ほかの多数の研究においても、いくつかの特定の染色体と行動が結びついていることが主張された。たとえば、犯罪を実行する傾向がある人とX染色体の遺伝子座ＭＡ〇ＡのノックアウトＭＡ〇Ａ遺伝子は神経伝達物質の活動に関与している

人の行動と遺伝子を結びつける研究には再現性の問題が伴う。最初に行われた研究をほかの研究チームが追試しようとしても、再現できないことが多々あるのだ。確かに、遺伝子は行動特性に関与し得るだろう。しかし、たとえそうだとしても、人間は遺伝子によって性質が決められているという古い考えの信憑性を、そうした研究が裏づけることにはならない。今や、遺伝子発現は非常に複雑なのが普通であることを遺伝学者は知るに至った。Xｑ２８の結果が再現できた研究は数例にすぎないことを受けて、ヘイマーは、もしこの

ゲノム領域が本当に性的な好みに関与しているのだとしても、環境要因と複雑に絡み合いながら、性的な好みを規定する関連し合う多数の遺伝子の一つにすぎないことを強調している。男性が同性愛になる確率は、それぞれ兄がやはりそうである場合、30％ほど高くなる程度にすぎない。性という現象は単純な遺伝を越える多くが関わっていることを、この数値は明確に示している。

　同様に、あるＭＡＯＡ遺伝子研究によって、幼少期の環境が大きく影響する可能性が強調された。ＭＡＯＡの変異は犯罪性との関係が指摘されたが、その相関関係が成り立つのは幼少期に重度の虐待を受けた経験がある場合のみである。

　人間の行動に関わる遺伝子はほとんどが、個々の小さな効果という形式で作用を及ぼすというのが重要なポイントとなる。なぜなら、ほとんどの精神的な性質は複数の遺伝子が影響を与えているし、遺伝子同士および遺伝子と環境間の複雑な相互関係の結果だからである。これは、知性のゲノムワイド関連分析ＧＷＡによっても裏づけられている。七歳児７０００名のゲノムについて、五〇万の一塩基多型ＳＮＰのいずれかが存在するか否かがスクリーニングにかけられた。ＩＱとの相関関係があるとされたゲノムは五つのみで、そのいずれもが、子供間の変異を0.4％未満しか説明できなかった。「ＩＱ遺伝子」や「性格遺伝子」という言葉を使うこと自体が、まったく間違っているのだ。

医学・遺伝学・「新優生学」

現在では、遺伝因子は何千という内科的疾患と強い関連をもつことがわかっている。いくつかのケースでは、特定の対立遺伝子をもつ人が病気に冒されて死ぬ確率という形式で予測までできる。ＢＲＣＡ１遺伝子の異常が一九九三年に発見されたが、このタイプの女性は55～65％の確率で乳がんを発症し、39％が七〇歳までに卵巣がんを発症するとされている。またＬＲＲＫ２遺伝子をもっている人は74％の可能性で八〇歳までにパーキンソン病を発症する。そして、ＡＰＯＥ遺伝子のε４型を生まれつき二つもっている白人は、ε４対立遺伝子をもっていない人と比べてアルツハイマー病を発症する可能性がおよそ８倍高い。

このような進歩は医療にも重大な影響を及ぼした。一九六〇年代半ばという早い段階で、知的障害や精神疾患をきたす遺伝性疾患であるフェニールケトン尿症を調べる検査が考案された。これは、遺伝カウンセリングを世に知らしめるのに役立った。一九六〇年代半ばに、すぐイギリス・カナダ・アメリカではこの疾患の集団検診が開始され、フェニールケトン尿症に罹患している乳児には特別食による治療が行われた。

一九七一年には、テイ・サックス病のスクリーニング検査も開始されている。これはアシュケナージ系ユダヤ人に多く発症し、幼児期に盲目・難聴・麻痺をきたし、四～五歳で亡くなる。酵素テストにより、両親ともに潜性遺伝子をもっているかを調べることができる。その結果、この疾患をもった新生児の数は激減した。一九七一年には鎌状赤血球のスクリーニング検査も開始された。

いくつかの発展によって、子供をもとうとしている何百万組の両親が関心を示す検査もすぐに可能となった。一つ目の技術的進展は、一九六六年に導入された羊水穿刺である。これにより、まだ子宮にいる間に染色体異常を調べられるようになった。羊水穿刺の検査力はすぐに、キナクリン・マスタードの使用によって改善された。キナクリン・マスタードを用いると、ＤＮＡと接触したとき蛍光が明瞭に識別できるパターンを示してくれるので、検査技師が容易に染色体異常を見つけられるのである。二つ目の進展は、多くの欧米諸国で中絶が合法化されたことである。胎児の健康を理由にして母親が中絶を選ぶことができるようになった。アメリカでは一九七四年までに、遺伝に関する健康クリニックが４００カ所ほどつくられ、いくつかの州では、ダウン症候群をもった子供が生まれる率が三分の一に減少している。

出生前診断は多くの物議を醸した。「原則的に中絶反対」という立場に与するわけではない批評家でも、健康上の理由により選択的に妊娠中絶するのは、新たな装いをまとった優生ではないかと主張した。すでにその病気をもって生きている生命を低く評価して、生きるべきではないと決めつけているのではないか、と彼らは言う。また、中絶を決めた人が、必ずしも十分な情報を得たうえで決断しているとはいえない場合があることも議論を呼ぶ。社会的義務感から、あるいは、遺伝データの誤解から決断した人も見受けられる。反対に、検査を推奨する人々もいる。彼らの主張はこうだ。子供がどの程度の苦難であれば耐え得るのかを決める自由、重篤な健康問題をもった子供を育てられるか自らの許容範囲を決定する自主性、この両者を親がもつことを可能にするシステムは重要である。また、彼らは、遺伝的疾患をもつ子供の出生を防ぐことと、生まれた子供をきちんと育てることは矛盾した行動ではないとも指摘した。

一九八九年に着床前遺伝子診断（ＰＧＤ）が導入されたとき、論争はさらに激化した。両親に体外受精という選択肢ができたのである。〔体外で受精されたいくつかの受精卵に対し〕胎芽が疾患をきたす遺伝子をもっているかを検査できるようになった。〔潜性遺伝子のホモ接合で起こる〕テイ・サックス病や嚢胞《のうほう》性線維症、鎌状《かまじょう》赤血球病、ベータ・サラセミアの遺伝子をホモ接合体で有している胎芽、あるいは、ハンチントン病をきたす顕性遺伝子をもっている胎芽は処分〔し、そうでない受精卵を子宮に戻すことが〕できる。宗教上の理由からＰＧＤを間違っていると考える人も多く、彼らいわく、遺伝病をもった受精卵の廃棄は、魂をもった命の破壊にほかならない。また、この方法により息子を望む文化をもつ両親が女の胎芽を拒否するという使い方もできてしまうと強調する人々もいる。ＰＧＤの利用は、「デザインされた新生児」を巡る議論の領域に入ったのかもしれない。

しかし、遺伝子検査の利用は生殖の分野だけに限られていない。金銭的に余裕があれば、ＤＮＡサンプルを民間試験所に送り、さまざまな病気の危険因子の分析をすることもできる。誤りが皆無とはいえないが、検査による情報に信頼性があるならば、このような情報を得ることは警戒の強化につながり得るし、定期的に検査を受ける動機を高めてもくれるだろうし、ときには予防的手術の提案にまで進むことも可能である。遺伝子検査が利用できるようになると、重要な関心もまた呼び起こされる。検査対象の遺伝子を特許で押さえ、大きな利益を何とか生み出している研究所がある。たとえば、ミリアド・ジェネティクスはＢＲＣＡ１遺伝子の有無を調べる検査を高額で提供しているため、検査を受ける必要のある女性達は法外な金額を請求されることになる。また、保険会社がどう遺伝子データを使用するのかという懸念もある。保険会社は遺伝子検査の結果を閲覧してはならないという制度になったとしても、遺伝子の健康を証明する書類を提出した加入者にはほかの人よりも安い保険料で済まし、そうしてくれない人には保険料を高くすると提案をすれば、実質上、保険会社は遺伝子検査の結果を知ることができるだろう。

医学と遺伝子組み換え

一九七〇年代初めに出現した組み換えＤＮＡは、研究が新たな形の治療を生み出すだろうという、わくわくさせる展望を切り開いた。非常に長い進化の時間尺度で、かけ離れた存在となった生物間で遺伝子を移動させる技術は、有益なキメラの種《しゅ》をつくることを可能にしたのである。しかし、道徳面も安全面も省みず、技術の進歩を追い求めることへの恐怖が直ちに生じた。そのため、一九七五年にカリフォルニアのアシロマで開かれた会議に集まった遺伝学者・弁護士・ジャーナリスト達は最新の技術進歩による道徳的かつ実質上の問題を熟考し、危険な遺伝子変異が研究所外に出ていくリスクを軽減するための政策を立てた。

分子生物学の商業的可能性はすぐに投資家の目に留まった。一九七六年、ハーブ・ボイヤーとロバート・スワンソンはジェネンテックというバイオ技術の新企業を立ち上げる。従来、インシュリンは、食肉処理したウシやブタから膵臓を取り出し、膵臓から抽出することで得ていた。ジェネンテック社は、その方法に加え、インシュリン遺伝子をプラスミドに挿入して得る方法の開発に着手した。インシュリンはＡ鎖タンパク質とＢ鎖タンパク質の二つの鎖から成るが、ボイヤーと研究チームは、それぞれのタンパク質をコードする遺伝子を、一塩基ずつ継ぎ足して構築することから作業を始めた。二年後、チームはこうして合成された遺伝子を、調節に不可欠な配列とともにプラスミドに挿入することに成功した。一九八二年、アメリカの食品医薬品局は、イーライ・リリー社に組み換えインシュリンの市販を許可する。それから、ほかの組み換え医薬品も市販されるようになった。実に、一九八四年までにこのようなバイオテクノロジー企業の研究開発に投資された金額は30億ドルといわれている。

　大型哺乳類のゲノムもまた、医学的な用途で扱われるようになっている。一九九六年にスコットランドのロスリン研究所は、ヒツジの乳腺細胞から抽出した核を、核を除いた卵細胞に移して胚性幹細胞として機能するように体細胞のプログラミングを初期化し得たことを公表した。細胞質からの信号が引き金となり、世界初のクローン動物の発生が開始された。これがヒツジのドリーである。つづいて、マウス・ウシ・ヤギ・ブタのクローンがつくられていった。

　クローン技術の目的は、クローン人間をつくるための土台づくりではない。販売可能なヒト遺伝子製品をつくることにあった。たとえば、バイオテクノロジー企業のＰＰＬセラピューティクスは、ヒトのタンパク質を含むミルクを出すようなウシをつくり、乳幼児の栄養補助食品として広く販売しようと開発に着手した。

一九八〇年代にはまた別の注目すべき可能性を秘めた開発が始まった。オーダーメイド医療である。すなわち、一人ひとりの遺伝子プロフィールに応じて、オーダーメイドの治療を施す医療アプローチの導入である。この「ゲノム薬理学」により、治療は安全かつより効果的になることが約束される。医薬品が特定の遺伝子型をもつ人には害になり得る場合、遺伝子配列を読み取っておくことによって過敏症を確認する。また、患者が特定の医薬品に反応性のある遺伝子の性質をもっているかを調べることもできる。もし薬に効果が見込めないとすれば、患者に副作用のリスクを負わせることも余計な医療費を使わせることもなくなる。このような情報は、特に新しく開発された高額な抗がん薬の使用の際に用いるのが適切である。

ヒトの細胞内のある信号経路は、適切な調整を受けないと、おそろしい細胞増殖に突き進んでしまうが、近年、この信号経路に狙いを定めたがん治療が進歩している。二〇〇一年、製薬会社のノバルティスは、がん遺伝子の活動によって生じる慢性骨髄性白血病（ＣＭＬ）の治療薬であるイマチニブを発売した。このがん遺伝子は、常にスイッチが「オン」の状態である酵素をつくり、それによって制御できない細胞分裂を引き起こす。研究者はその酵素の活動を抑える薬を開発した。そしてＣＭＬ患者が五年生存する確率はほぼ２倍となった。また、がん細胞の表面にある特定のタンパク質は細胞増殖を促進し、制御不可能にしてしまうが、このタンパク質を攻撃する抗体を作成する治療法も存在する。

また、まったく異なる発想の治療方法もある。この方法では、修飾したレトロウイルスを使い、遺伝性疾患をもつ患者の体細胞に通常の遺伝子を注入する。最初の頃の結果は曖昧だったが、一九九九年にはフィラデルフィア大学で、肝臓中の不可欠な酵素をコードする遺伝子が欠けている若い男性の治療に適用された。

修飾された風邪ウイルスを注入されてから間もなく、男性は過剰な免疫反応を起こし、臓器不全と脳死に至った。効果的な遺伝子治療をするためには、私達はまだまだ大きな課題を乗り越えていかなければならない。目的とする器官に「治療効果が見込め、かつ重篤な副反応が起きない量の」ＤＮＡが過不足なく届けられたとしても、クローン化された遺伝子がゲノムのそこかしこに適当に入りこんでしまい、ほかの「正常な」遺伝子の活動を妨げる可能性があるという問題も残されている。

しかし、以前の失敗を教訓にして、遺伝子治療の開発はより用心深く管理された方法へと進んでいく。重症複合型免疫不全症を患い、治療が遅れると、ほとんどの患者は発症した年の間に死亡してしまう。二〇〇〇年、フランスとイギリスのチームは、重症複合型免疫不全症に罹患している少年20名の骨髄細胞に、修正用の遺伝子を挿入したと発表した。研究の長期的な結果は、非常に期待のもてるものだった。二〇一四年には、ロンドンの研究チームが、重度のＢ型血友病の患者10名に血液凝固を促進する遺伝子を静脈内投与したと発表した。患者は遺伝子導入に耐性を見せ、おかしな反応が起こらなかっただけではなく、明らかに出血する回数が減少した。現在、遺伝子治療のこのような成功例の蓄積が始まりつつある。

分子生物学の時代

日々のニュースにざっと目を通してみれば、組み換えＤＮＡと遺伝子配列の解読が、適切にも遺伝学ブームをいかに引き起こしているかがすぐにわかるだろう。バイオテクノロジーのこうした応用のいくつかは、間違いなく私達に大きな恩恵をもたらす。新薬や治療法の開発にこれらの技術が貢献していることはすでに述べたとおりである。特有のＤＮＡ変異のセットに基づいて人を識別する遺伝子指紋法もまた、大きな実益を生んでいる。この方法により、何千件という事件の容疑者の有罪を確証したり、潔白であるにもかかわらず誤って容疑をかけられたり起訴されたりしている人の判別もできるようになった。また、軍事独裁による犠牲者の身元確認や、紛争によって生き別れた家族の再会にも利用されている。

組み換えの技術はまた、遺伝子改変生物（GMO）もつくることができる。これらの多くは人間の食物をつくる目的で利用されている。最初につくられた遺伝子組み換え作物は一九九〇年代初めに使用の許可を得ている。一九九九年には各国を合わせるとニュージーランドと同じくらいの面積分で遺伝子組み換え作物がつくられるようになった。二〇一四年にはアメリカで栽培されている大豆の94％、綿の96％が遺伝子組み換えの種《たね》からつくられている。遺伝子組み換え作物は、より多い収穫高、より高い栄養価、そして病原菌・害虫・除草剤への抵抗力を意図してデザインされている。また、マラリア・デング熱・黄熱病などの命に関わる病気と闘うのに役立つ遺伝子組み換え生物、たとえば遺伝子組み換えの蚊をつくるのにも、同様の方法が利用されている。

しかし、遺伝学やバイテクの分野でさまざまに利用されている組み換え技術が落胆や疑念を生んでいる面もある。多くの人が感じているのは、この技術のために投じられた費用からすると、遺伝的研究がもたらした利益は比較的控えめであるということである。反対に、今後、組み換え技術の利用により人間の遺伝を変えてしまう可能性は疑う余地なく実現に近づいており、多くの人はその実現に恐れを抱く。単刀直入にいえば、遺伝子組み換え作物と動物が広く利用されればされるほど、不安は増すばかりである。アメリカの大衆はすぐに革新的な遺伝子組み換え食品を受け入れたが、多くのヨーロッパ人は「フランケンフード」と呼び、これらの食品を口にするのを嫌がった。遺伝子組み換え作物の摂取が体に及ぼす影響への心配は、まだ単なる懸念の段階に留まっているが、多くの懸念が残る。遺伝的に類似した作物は新たな病原菌に対抗する能力を低くすると指摘する専門家もいる。また、近くに生えている雑草のゲノム内に組み換え遺伝子が入り込み、除草剤に対する手に負えない抵抗力をもってしまう危険性を警告する専門家もいる。

人間の諸性質を説明するにあたり、遺伝の重要性をあまりに大きく評価する方向に大衆を煽るメディアや遺伝研究の扇動者は、いっそう批判の対象となっている。そして、正常な形質であれ異常な形質であれ、環境因子がその発達に重要な役割を果たしていることを双子研究が一貫して示している事実は、無視されがちである。

遺伝に原因を求めるこだわりが、食習慣・汚染物質・環境有害物質・感染症など遺伝によらない病因への探究から研究を逸らせてしまうとしたら、とりわけ問題になるだろう。同じくらい厄介なのが、遺伝に関心が集まりすぎて、人類を異なる生物学的カテゴリーにはっきり分けようとする古い考えが再び勢いを増す恐れが出てくることである。

人間の違いについてのイデオロギー

研究所の外では過去半世紀以上もの間、富や地位の違いは遺伝に起因すると考えるイデオロギーが根強く残ってきた。その一つは南アフリカで執拗に残っていたアパルトヘイトである。この政策のため、一九九一年まで白人至上主義のイデオロギーが公的に蔓延し、一九九四年にはルワンダで起きた大量虐殺でツチ族は非人間的な扱いを受けた。一九九五年に起きたスレブレニツァの虐殺では、８０００人以上のムスリム・ボシュニャク人がセルビア系ボスニア人の兵士に殺害された。性別・人種・地位を理由にした差別から、女性や少数民族、労働者階級の子供は、責任ある仕事や政治的役割に就くには役不足だとする風潮も続いている。とはいえ、遺伝による相違という考えに根差した男性優位主義の信念は衰退している証拠もある。生物学の言葉を使うのではなく、言語文化や性格を強調することが増えてきた。

移民に対する態度も、あからさまな生物学的な人種差別が徐々に緩んできた一例として挙げられるだろう。植民地が独立したのちのヨーロッパでは、以前に植民地だった地域からの移民に対する敵意は大きく、特にイスラム教徒に対する風当たりは厳しかった。二〇〇四年までのフランスでは、およそ２００万人いる移民はひどく差別され、主な都市の片隅に追いやられ、低水準の暮らしを強いられている。二〇〇四年と二〇〇七年に欧州連合が拡大された際は、民族的敵意は東ヨーロッパの移民にも向けられるようになった。イギリスで二〇一六年、ＥＵ離脱の国民投票キャンペーンが勝利したのは、ポーランド人とルーマニア人に対する嫌悪が大きな要因となっていた。しかし、人種差別的見地は現在多くの面で社会に受け入れられなくなっており、ヨーロッパの「新右翼」の指導者や支持者であっても、あらかさまにそう表明し得ることはない。

移民に反対する政党と彼らの支持者に共通しているのは、生物学的な違いよりもむしろ文化的な違いを引き合いに出す点である。文化は各自の心に深く根ざしており、ほかの文化で育った者が同化することなど不可能だというのが彼らの主張の核心である。自分は人種差別主義者ではないと断固言い張るイギリスの保守系政治家イノック・パウエルが一九六八年に述べた次の言葉は、これに呼応していると読み解かれるべきだろう。「西インド諸島人あるいはインド人は、イギリスで生まれたからといって、イギリス人になれるわけではない」。文化という言葉はこのように、人種という言葉が以前もっていた意味合いをもつようになった。さらに、移民に対する差別が蔓延することによって、彼らの貧困も解消されず、文化も異なり続けているのが実態であるにもかかわらず、支配的な文化の側が、移民は同化できないことを裏づける証拠だと解釈する可能性を開いてしまっているのである。

また、アメリカの世論調査では、アフリカ系アメリカ人に対する生物学的な人種差別は減少しているというデータが出ている。一九四二年に行われた世論調査では、白人のアメリカ国民の53％がヨーロッパ系の血統は知的に優れた人種であることに賛同している。しかし、一九五六年には20％まで減少した。一九八六年の調査では、黒人は「生物学的な遺伝的形質」のために貧乏であると回答した白人は14％だった。同じく、学校での人種差別、異人種間結婚の禁止法の支持者も減少しているという研究結果が出ている。一方、同時に、大多数の白人が黒人優遇の雇用や昇進に反対している。また、貧困層を占めるのがほとんどアフリカ系アメリカ人の場合には福祉予算を増やすのには反対であり、貧困層の過半が白人の場合は賛成するという調査結果も出ている。

人種差別はなくしたいが、古くから続く足枷をアフリカ系アメリカ人が乗り越えるのを助けるのをためらうという、このあからさまな矛盾を何とか解決したいと試みるにあたって、多くの学者はこれを「新人種差別主義」の出現と捉えた。これは、アフリカ系アメリカ人が過度に貧乏なのは、白人ほど勤勉ではないためだという誤った信念に基づいている。世論調査の結果は、一貫して多くのアメリカ人が黒人は白人よりも怠惰であると考えており、この見方は福祉に費やす金額の削減を強く願う気持ちと連動している。

黒人は怠惰であるというこの概念が、支援をする意義が薄いという感覚につながっているようだ。旧来型の人種差別主義では、こうした見方は前面には表れなかった。確かに、黒人のために福祉予算が使われることを好ましく思っていない人も多くいた。しかし、そう考える人は、福祉策よりも、自己を高める機会を強化するために考案されたヘッドスタートのような支援プログラムを現に支援していたのである。こうした事実が、先の感覚を裏打ちしていた。

現代の西洋社会に住む人々が、社会的階級についてもつ感覚の中にも、遺伝子決定論的イデオロギーの衰退が見て取れるだろう。白人であっても貧困層は今でも軽蔑の対象となり、非人道的な扱いを受けることがある。『デイリー・メール』のようなイギリスの新聞は、容赦なく彼らを「野蛮な底辺層」と呼ぶ。アメリカには「レッドネック」という言葉があるが、この言葉も人種的侮蔑を思わせる以上のことを合意している。しかし、ほとんどの人々が、血統よりも個人の努力や功績の方が、財を得るか否かを左右すると理解している。二〇〇九年に行われた社会的態度に関するイギリスの意識調査の結果では、「出世するために重要」なのは教育であると答えたのは74％、また84％の人は勤勉さが大事であるとも答えている。極めて控えめに14％の人が「出生した家柄の由緒正しさ」と答えた。この結果は、ある程度予想できていた。前述したように、第二次世界大戦後、管理職の拡大と、専門的技術をもった人々の雇用を必要とする高度な新しいテクノロジーの導入により、階級構造はそこまで厳正ではなくなった。血統がよくても、努力して身につけた専門的技術がなければいい仕事を得るのは困難な時代が訪れたのである。

　現代の若い男女は、生まれた家の階級をひけらかす暇があったら、能力を高めることに精を出さなければならない時代に生きている。かなりの時間を使って、「雇用されるための自分史の語り」――社会学者フィリップ・ブラウンの言葉――を紡ぎ出さなければならないのである。よい成績をとったというだけでは足りない。どこそこの海外へいったことがあります、どこそこでインターンシップを経験しました、カリキュラム以外でもこうした活動をしていました。こういった個人史の類いを語れることが、レベルの高い大学に入ったり報酬のよい職業を確実にするために役立つのである。実際は、もちろん家庭環境も大いに考慮される。管理職や専門技術を要する職は過去数十年のようなスピードで拡大はしていないが、現代は教育を受けた非常に多くの男女がそのような職業をめぐって競争を強いられる時代である。そのため、高額な教育や個人史を充実させる機会を子供に与えられる余裕のある家庭に生まれたほうが優位である。とはいえ、この競争社会において成功と失敗を決めるのは通常、遺伝的特徴や特権よりも個人の努力であるとされる。

　構造に基づく説明に人気がなくなったことも、人種や階級の不平等を遺伝子決定論で説明する主張の衰退の原因だろう。社会階層を上昇する流動性を阻止する障壁を低く見積もる［つまり、社会階層は当人が努力すればそこそこ上昇できるという］見解は、比較的裕福な層に訴えるところがある。この見解によれば、彼らの地位は完全に自らが勝ち取ったものであり、貧困層は自分達の不運を自ら招いたかのように特徴づけられる。社会的システムは公平に出来ていて、チャレンジする人には誰でもチャンスが与えられているとみなす傾向は、経済的に余裕のある人々の方が強い。これら二つの見解は、軌を一にしている。不平等をこのように捉えることで、遺伝的な違いを主張する古い考え方と同じくらい効果的に、階級制が正当化される結果となった。

　女性は男性よりも生まれつき感情的で、理性に欠けるという考え方も減少してきた。これは、かつては男性が独占していた業種に女性の参入が増えたこと、また現在では大学を卒業する人数が男性より女性のほうが多いという事実に表れている。加えて、一九七〇年には40％のアメリカ人が女性は主婦であるべきと考えていたが、一九九〇年代には18％まで減少している。ただし、すべての職種に女性が進出しているわけではない。建築、配管、トラックの運転といった労働者階級の職種への女性の参入は、一九五〇年代と同様で増えていない。しかし、女性がさまざまな職種に就いて働くということに男性が次第に慣れていっており、考え方は大きく変わっている。そして、第二波フェミニズムを含む進歩的なイデオロギーが性差別の古い考え方を打破しようとしている。

しかし、まだまだ、ジェンダーには本質な違いがあるという信念が問題として残されている。数十年の間、ジェンダーを平等に捉える姿勢は勢いを増していたが、一九九〇年代に止まってしまった。

調査の結果、二〇〇〇年代には再びリベラルな考え方の成長が見られたものの、一九七〇年代から八〇年代に見られたような伸び率には及んでいない。賃金や雇用機会の面で平等を目指す進展のスピードは失速している。アメリカでの働く女性の平均賃金は一九七〇年には男性の59％程度であった。二〇一五年には向上はしているものの81％に留まっている。二〇〇二年までのアメリカでは（他国と同じように）最も給与の高い職業に就いている女性は未だ多くない。年収１００万ドル以上の最も給与の高い職種に就いている人は、男性13人に対して女性一人の割合にすぎない。

現代の男女平等主義は、「男女の本質主義という強烈な（そしてしばしば潜在的な）信念」と共存していると社会学者のポーラ・イングランドは言う。男女の本質主義とは、「男性と女性は生まれつきかつ本質的に興味や技能が異なる」という考えである。潜在的な偏見が明らかになるように考案された非常に多くの研究によって、概して女性は男性よりも優しいが能力は劣ると考えられていることが明らかにされてきた。そのうえ、男性らしさを感じさせる自己主張や決断力を女性が見せると、同僚は不快感を覚える傾向にあることも明らかになった。そのため、男性が正当な権威をもつとされる場では、昇進する女性は少なく、自らが重要な指導力をもつと考えている女性もあまりいない。

なぜ、ここ数十年で、男女の平等化への進展が失速したのだろうか。これについては、次のようなさまざまな仮説が提示されてきた。文化的に固着したステレオタイプを変えるのは、そもそも難しい。働く女性に対する反発をメディアが先導し、現代の子育ては片手間にはできず、仕事との両立は難しいという考えを推し進めた。看護や保育といった従来女性の仕事とされていた職種に参入し、古いステレオタイプを打破しようとした男性が比較的少なかった。多くの男性が現状を保ちたいと思い、おそらく特に家庭で、職をもった女性が不釣り合いなほど多くの家事を担わなければならなかった。

また見落とせないのは、複数の偏見の対象となっている女性が多いことである。社会的地位を向上させたいという望みをもつ少数民族の人々、労働階級の人々は、乗り越えなくてはならない障害がいくつもある。「生活保護の女王」という比喩が伝える、人種・階級・性別の違いに対するさげすみの深さに思いを馳せてみてほしい。生活保護を受けている女性は受けていない女性より多くの子供をもつ根拠などない。にもかかわらず、貧困化させられたアフリカ系アメリカ人の女性達は、高額な福祉支給を確保するため子供をつくっていると中傷される。

本章では、数々の重要な歴史的進展を見渡してきた。遺伝についての私達の理解は、目を見張る速度で深まり、医学・農業・科学捜査に、あるいは人間の認識力や進化・性格についての私達の知識に影響を与えてきた。かつてアメリカやヨーロッパの科学者に人気のあった遺伝的劣等という粗雑な教義もまた、遺伝学での発見によって下火になった。これと並行して、生物学的な男性優位主義も人々はまた受け入れなくなりつつある。しかし、この変化の意義を過大に見積もるべきではないだろう。今でも、人種・ジェンダー・階級に関する月並みな遺伝子神話を奉じる、それ相応の勢力を持つ少数派が厳として存在する。女性は知的に劣るというステレオタイプを克服する歩みが進められる一方、多くの証拠によれば、女性は積極的になったり野心をもったりせずに、子育てをするべきであるという盲目的信念が続いてもいるのだ。

8

進歩と可能性

まとめ

何千年にもおよんだ憶測と混乱、そして最終的にもたらされた進歩のあとで、遺伝学者は今、私達を形成している物質であるタンパク質がどのようにらせん状のＤＮＡからつくり出されるのかを説明できるようになった。また、遺伝子がどのように私達の行動に影響するかも日々ますます解明されてきた。さらに、新しい遺伝子をヒトの細胞に導入して、遺伝子の突然変異がもたらす危険な作用を打ち消す方法さえ開発されつつある。これらの業績は、何千年という時間をかけて行われた観察・実験・知的努力の賜物である。本書では、古代アテネの哲学者から、顕微鏡を使用した近代初期の学者、グレゴール・メンデルの修道院の庭園に整然と並んだエンドウ豆、現在の遺伝子マイクロアレイ、全ゲノム解読、そして遺伝的に改変された生物に至るまで、遺伝研究の歴史を追ってきた。過去二世紀に起きた驚くべき進歩は、有能な科学者達が代々研究を積み重ねてきたこと以外にも、以下のような多くの要因に負っている。実験的科学の勃興、農業に適用し得る遺伝研究の有用性、新たな試験や治療が生む利益を見越した政府や個人の投資家からの資金提供、細胞や分子の構造や機能を視覚化した実験室技術の発展、遺伝における伝達の秘密を暴く実験に向いた生物の選択。

私達はまた、人はそれぞれ生まれつき異なるという概念が、大抵の場合、有害な作用をもたらした場面を何度も幾度も繰り返し目撃してきた。先天的な違いという概念は、証拠や論理を度外視した、イデオロギーに基づくものであった。驚くほどそして厄介なほど頻繁に、女性、社会的階級が低い人々、異なる民族は、異質で劣った本質をもっており、世代を超えてもほとんど変わりはしないという考えに、欧米の人々は囚われてきた。本書はヨーロッパとアメリカに焦点を合わせているが、特定の人々のグループに対して本質的に価値が低いと考える傾向は、世界のさまざまな地域で見られることをここに強調しておく必要があるだろう。十一世紀のペルシャ人博学者アヴィセンナは、「ある種の人々は〈生まれつき奴隷〉であり、〈高尚な地位には不向き〉である」と述べた。歴史学者のジョージ・M・フレデリクソンは、日本人が長く在日韓国人を差別してきたことや、ルワンダとブルンジで、植民地時代以前、*フツ族農耕民が牛飼いのツチ族に対して支配的態度をとっていたことを強調している。インドのカースト制度が人種差別なのかどうかは、厳密なことを言い出すと微妙なところだ。だが、あるグループを先天的に異なるとみなす本質主義の信念と相性がいいとはいえるだろう。二〇〇七年にラマスワミ・マハリンガムは研究のため、

＊　フツ族とツチ族は必ずしも人種が異なるわけではない。

カーストの最高位と最下位の人々に、カーストの最高位の子供が低い身分の家で育てられる、あるいはカーストの最下位の身分の子供が高い身分の家で育てられる「新生児取り違え話」を読ませた。その結果、最高位であるバラモンは最下位の人々よりも、その子供は本来のカーストのアイデンティティを成長過程で見せるはずであると考える傾向にあることがわかった。

性や遺伝に関する最新の科学的概念の傍らに、人種差別・女性蔑視・エリート主義的説明を置いてみると、そうした説明は支離滅裂に見えるかもしれない。だが、本書が双方からの説明を取り上げているのは、両者がしばしば絡まり合っているからである。人間は異なるという説を古代の哲学者はつくり上げたが、これは、ギリシャ帝国の境界外の戦争捕虜を奴隷化していたことと完全に並行している。同じように、二〇世紀前半の最も優秀な遺伝学者の何人かは、〔イデオロギーと学説が絡まり合った彼らの思想のゆえに〕犯罪者・精神障害者・学習障害をもつ人々に不妊手術受けさせたり、差別したり、殺したりする運動を起こしている。

多くの人が、真面目に取り組んではいるのだが、科学とイデオロギーを明確に切り分けずに考えを押し進めてしまう事態に、私達は実のところ驚くべきではないのだろう。ヨーロッパやアメリカの社会的エリート階級に生まれた知識人達は、優れたジェンダーや社会的階級・人種のもとに生まれたのだと言い聞かせられて育つ。これは、自分は価値があるのだという感覚を明らかに強めてくれる。このかりそめの知恵をあえて疑おうとする者はほとんどいない。虚栄心と利己心は、何にもまして強力な心の動きなのである。

ここ数十年で、生物学的な本質主義の信頼性は著しく落ちている。科学は、遺伝子が知性や人柄に関係していることを否定せずに、人間の違いを遺伝子に求めるお粗末な主張が間違っていることを示してきた。同時に、人間社会の階級全般が遺伝の違いをもたらすという考えは、社会的にはるかに受け入れられなくなってきている。この傾向が続くかどうかは見当もつかない。結局、遺伝現象の複雑さについて生物学者が何を述べたとしても、自分の属すグループ以外の人達を悪者とみなしたがる人は、ほとんど聞く耳をもっていないのだろう。

不確かな未来

一つ確信をもって言えるのは、遺伝学という科学は倫理的に難しい領域へと私達を導きつつあるということである。その理由は、私達のゲノムを変えてしまう新たな方法の開発である。ＤＮＡの改変はこれまで技術的に難しかったが、クリスパー・キャス９（CRISPR-

Cas9）と呼ばれるバクテリアの免疫機構の発見によって、ここ数年でだいぶ軽減された。二〇〇〇年、塩分を含んだ沼地に棲むバクテリアのゲノムを研究していたアリカンテ大学のフランシス・モヒカは、バクテリア内に、三〇塩基対の奇妙な配列が、短いスペーサーによって区切られながら、繰り返されている現象を多数発見した。（この配列はのちにクリスパーと呼ばれるようになる。クラスター化され規則的にスペーサーが挿入された短い回文状反復――Clustered Regularly Interspaced Short Palindromic Repeats――の頭文字をとった略である。）スペーサー部の配列をデータベースで検索してみたところ、何種かのファージのヌクレオチド配列に対応することがわかった。モヒカは、自分はバクテリアの免疫系を発見したのではないかと正しく推測した。その後の研究により、以下が判明した。まず、バクテリアがファージの存在を検知する。すると、〈クリスパー配列の近くにある遺伝子からつくられたキャス・タンパク質〉が、細胞内を漂っているバクテリアのＲＮＡ内に、〔ファージの配列をスペーサーとして挿入し〕、それらすべてを転写する。こうして、〔侵入したファージの遺伝子の配列を一部として含むバクテリアのＲＮＡに〕相補的なＲＮＡがつくられる。

　これらの〔相補的な配列をもつ〕ＲＮＡは、キャス９と呼ばれるタンパク質と結合する。〔ＲＮＡ-キャス９複合体中の〕ＲＮＡが〔自らのスペーサー部によって〕ファージＤＮＡ

の相補的配列と結合すると、キャス９はファージのＤＮＡ鎖を切断する。こうして、クリスパー配列は、不首尾に終わった攻撃の記憶としての役目を果たし、もし同じ種のファージが再び侵入しようとしたら、迅速に免疫反応を引き起こす。

このシステムはプログラミングしなおすことができ、それによって遺伝子の編集が可能になることを理解したとき、次のブレークスルーが起こった。二〇一二年、研究者達はＲＮＡとキャス９タンパク質をマウスの細胞内に挿入した。このＲＮＡは、ガイドＲＮＡと呼ばれる特別仕様のＲＮＡで、細胞内に存在する特定の相補的ＤＮＡ配列と結合させるためにしつらえたものである。このガイドＲＮＡがターゲット、すなわち、〈目的である相補的ＤＮＡ配列〉を見つけると、キャス９はそれを適切な場所で切り開き、二つの壊れた切り口をつくる。ＤＮＡは自らをすぐに修復しようとして、酵素を使って切り口を修復し、欠けたヌクレオチドを補い、鎖を再び閉じる。この過程はときにうまくいかない。その場合、遺伝子が機能しなくなる可能性も生じるので、研究者達は、ノックアウト・マウスをつくる効果的で新たな方法を見つけたことになる。だが、この修復機構をうまく利用すれば、いつの日か、ヒトの遺伝子の非常に正確な置換ができるようになるかもしれない。生物学者達はすでに、ヒト以外の種で遺伝子を特定し、キャス９によりそれを切断している。もし、望みの遺伝子で細胞を溢れさせたとしよう。そして、この細胞で先のＤＮＡ修復機構を活性化させたとする。そうすると、キャス９によってもたらされたダメージを修復する過程で、望みの遺伝子が組み込まれることもときにあるかもしれない。クリスパー・キャス９は、体細胞中の欠陥遺伝子を修正するために使える可能性を秘めている。この方法や現在開発中のほかの方法が、遺伝病の治療をまったく変えるかもしれないことを、初期の兆候は示していた。

この技術によって遺伝子が改変されれば、それは子々孫々伝わっていく可能性がある。これは深刻に受け止められるべきだろう。ヒトの胎芽や胚細胞の修正ははるか遠い未来まででずっと危険をはらむと論じる批評家もいる。というのも、遺伝子の制御機構、遺伝子同士の相互作用、遺伝子と環境の相互作用は、気も遠くなるほど複雑だからである。必ずしもそうとは限らないにしろ、新しい技術はいつも予期せぬリスクを含む。

予期せぬリスクがあるにせよ、子供の幸福を気遣う親なら、実際喜んで賭けに出て、生殖系列に向けた遺伝子治療をしようと考えるのではないか。リスクを冒すかどうかは、利益がどの程度見込まれるかによってその一部が決まってくるだろう。クリスパー・キャス９のような技術が、嚢胞《のうほう》性線維症や鎌状《かまじょう》赤血球貧血症・ハンチントン病などを引き起こす遺伝子を置き換えるのに使われるのを想像するのは難しくはない。問題は、現存する治療法のほうが生殖細胞系列の操作よりも望ましいかどうかである。子供を望む人達には、すでに遺伝子検査もあれば着床前診断もあるし、提供された配偶子を用いる選択肢も存在する。現状は、体細胞のみに働きかける遺伝子治療を行う方向に進んでおり、そうであれば、〔受精卵などの〕生殖細胞系列を改変する必要はなくなる。しかし、生殖細胞系列に対する遺伝子治療のほうが、将来、有益かもしれない。とりわけ、生殖細胞系列治療であれば、次の古典的問題を避けることができる。体細胞を対象にした遺伝子治療の場合だと、臓器や組織に正常な遺伝子の複製を十分な量届けると、免疫反応が引き起こされる場合もあれば、ほかの遺伝子の機能を妨げてしまう問題点もある。胎芽や生殖細胞にクリスパー・キャス９による精密な編集を施すことができれば、すべての細胞が厳密に正しい場所に、つまり、〔タンパク質をコードする構造遺伝子の〕スイッチのオン・オフを適切に切り替える調整遺伝子の近傍に適切な遺伝子を挿入させることが保証される。

さらに、アルツハイマー病や心疾患・糖尿病・ＨＩＶといった病気を発症したり罹患したりする可能性を劇的に軽減するとされている既知の遺伝子を挿入する目的で、クリスパー・キャス９のようなシステムを使用することがいつか可能になるかもしれない。より物議を醸すのは、生殖細胞系列の改変を、治療を目的としないような、何らかの性質を強めるエンハンスメントのために用いようと示唆されている点である。ヒトのゲノムには、たとえば、著しく運動能力を高める遺伝子が含まれているだろう。生殖細胞系列への将来の干渉は、こうした常ならざる潜在的能力を担う配列を操作の対象にする可能性があるかもしれない。

遺伝子編集技術を人間へ適用するにあたっては、巨大な技術的障害が立ちはだかっている。にもかかわらず、生殖細胞系列編集についての倫理的な疑問は、もはや、単に学者があれこれ論じていればいいという問題ではない。中国の科学者チームは二〇一五年と二〇一六年に、生き残ることはできない人間の胎芽に対してだが、クリスパー・キャス9を使って、遺伝子を変化させる試みを行ったと発表した。

二〇一五年にアメリカの指導的な生物学者達は、それが引き起こすさまざまな波及効果を適切に把握できるまでは、「生殖細胞系列ゲノム改変」を行うべきではないとする声明を公表した。医学的理由以外で胎芽に遺伝子編集技術を用いることに人々は不安を感じていることが、世論調査の結果からもわかっている。

哲学者達の見解は多様である。生殖細胞をいじる可能性が出てきたときに、私達の多くは反射的に危機感を抱いてしまうが、この危機感を私達は深刻に受け止めるべきだとする哲学者がいる。〔生殖細胞をいじると聞いたときの〕〈反吐《へど》因子〉は、心の深くに根ざす道徳的直観が生殖細胞系列をいじる技術は間違っていると告げることに基づくと、保守的な倫理学者レオン・カスは信じている。たとえば、カスはこう論じる。遺伝子編集によって、頭がよくなったり、美しくなったりしたとしよう。そのとき、何かを成し遂げたときに、ほかならぬ私という人格がそれを成し遂げたのだという誇りを、私達はもはや感じなくなってしまうだろう。それゆえ、人間の存在価値はゆがんでいくだろう。また、生殖細胞系列改変が不正〔すなわち不公平〕や争いを増やしてしまうことを恐れ、倫理的な反対を唱える哲学者もいる。生物学者のリー・シルヴァーは、資本主義と遺伝子技術が合わさると、遺伝上の上層階級である〈遺伝富裕（GenRich）〉層が生まれ、能力が劣る典型階級の〈遺伝自然〉層と対峙するようになるだろうと予想している。

遺伝子治療に対する〔このような〕倫理上の異議申し立てに説得されず、遺伝子工学は人間の幸福度を高める手段だとみなす者も多い。人間の幸福の増大を無視するのは倫理にもとるというのである。たとえば、イギリスの生命倫理学者ジョン・ハリスはこう主張する。人間の自然な本性は「強化者」なのであって、病気と闘うために薬を開発し、気候変動に対応するために家や衣服をつくり、互いに交流し学習し秩序をつくる能力を強化するために書き言葉を発展させたりしてきた。もしそうだとしたら、生殖細胞系列の改変に道徳的に過激なところなど、実のところ何もない。

現時点では、生殖細胞系列の改変が、信頼度高く、人々をより健康に、より賢く、より容姿端麗にし得るかは知る由もない。これは、学者達だけで最終的な裁定をしてよいという問題でもない。医学的であれ、それ以外であれ、もし生殖細胞系列を安全に調節できる方法が発見されれば、営利目的の動機が間違いなく世を席巻するはずである。

そして、もし先進国の実験室でその技法の開発が許されないのであれば、開発は地球上のほかのどこか、規制が緩い場所でほぼ確実に行われるだろう。たとえそれがより広範な含意をもっていたとしても、結局自分のために、あるいは愛する人々のために、より長い人生やもっと満足のいく生活のチャンスを、人が手に入れようとするのを押しとどめるのは至難の業なのである。

図の一覧

図1
トガトゥス・バルベリーニとして知られる、1世紀頃につくられたローマの大理石像。全身像は、亡くなった先祖の頭像をもつ貴人である。

図2
180年頃につくられたポルトナッチョの石棺にほどこされたレリーフ。ドナウ川近郊におけるローマ兵士とドイツの「野蛮人」部族との戦いが描かれている。

図3
医学の講義を行う11世紀の医師コンスタンティヌス・アフリカヌス。北アフリカに生まれ、イタリアに渡り、アラビア語で書かれた重要な医学書を翻訳した。

図4
1503年のグレゴール・ライシュの『哲学の真珠(Margarita philosophica)』に掲載された“De Astrogia”すなわち「占星術の男」

図5
1604年 ニコラス・ハルトゼーガーの『屈折光学試論(Essay de Dioptrique)』より「精子」または「ホムンクルス」

図6
フアン・パトリシオ・モレテ・ルイス(メキシコ、1713~81年)による、植民地スペインのカスタ画。この有名な風俗画は、ヨーロッパ人・アフリカ人・アメリカ先住民の異なる組み合わせの子孫を分類し、ランクづけしている。

図7
ベイクウェルの方法で繁殖されたケンタッキー州の羊

図8
1793年に執行されたオランプ・ド・グージュの処刑

図9
ラジルの奴隷制の人種的階級。1816~31年にブラジルでの暮らしのさまざまな場面を描いたフランスの画家ジャン=バティスト・デブレによる絵画

図10
グレゴール・メンデルによる遺伝の法則の現代版図説。この図例では、紫色の花をつける遺伝の「要素」が、白い花をつける「要素」より顕性であることを表している。その結果、白い花は新しい苗の細胞が紫色の「要素」を含まない場合にのみ表れる。

図11
ジョージ・クルックシャンク『我が妻には知性がある』は、教養のある女性は自然の秩序を乱すという、人々に人気のあった信念の一例である。サングラスをかけた女性が暗示しているのは、女性が勉強をしすぎると健康が損なわれやすくなるという医学的な俗説だ。1847年の漫画年鑑“The Comic Almanack”から。

図12
アフリカ系アメリカ人の奴隷解放および女権活動家ソジャーナ・トゥルースの写真（1870年頃）

図13
減数分裂の図式（簡略版）。細胞核のなかには、〔長さや形などが〕同じタイプの染色体、つまり相同染色体が2本存在する。その一本は父親に、ほかの一本は母親に由来する（左端）。〔間期に〕それぞれが複製され、父親由来の一本が二本になる〔が、離れずにそのままの状態を保ち、見かけ上は一本に見える〕。母親由来の一本も同様である〔左から2番目〕。その後〔対合が生じる。つまり、相同染色体が平行に並び、二価染色体の状態になる。そして、平行に並んだ染色体

のつなぎ替え、すなわち〕交差が生じる。〔二価染色体の状態では、4本の染色糸が並んでいることになる。なお、体細胞分裂では、対合は起こらない。〕　それから、減数分裂Iが起こり〔相同染色体はそれぞれの娘細胞の核に配分され（右から2番目）〕、さらに減数分裂IIが起こり、4個の配偶子が生じる（右端）。〔各配偶子がもつそれぞれのタイプの染色体は一本のみとなり、最初の段階の半分となっている。〕

図14
1913年10月ロンドンにて逮捕される婦人参政権論者

図15
1933年4月1日反ユダヤ主義の看板を掲げることを強いられたドイツのユダヤ人

図16
DNA分子の構造。チミン(T)はつねにアデニン(A)と、シトシン(C)はグアニン (G)と結合し、相補的にヌクレオチドを形成して、二つの糸がらせん状に構成されている様子 を示す。

図17
1951年にロンドンのキングスカレッジにてロザリンド・フランクリンが撮影した「**写真51**」として知られるX線回折像。この画像はDNAのらせん構造を裏づける有力な証拠となった。

図18
タンパク質合成の図式(簡略版)。DNA鎖の2本の糸は少しの間解ける。それで、メッセンジャーRNAの作成が可能になる。これが転写である。そして、核を出たmRNAはリボソームと結合する。次にリボソームはそれぞれの〈コドン〉を読み、トランスファーRNAによって運ばれた適切なアミノ酸がつけ加わっていき、終止コドンに至ると終了する。その結果、タンパク質の鎖がつくられる。

図19
ノックアウト・マウス。写真内の茶色のマウスが父親で、白いマウスは子供である。父親マウスのいくつかの幹細胞は遺伝子が機能しないように改変されている。改変された遺伝子は、毛の色を白くする遺伝子と行動をともにするように設計されていた。これにより、どの子供が改変遺伝子を受け継いだのかが、研究者にわかる仕組みになっている。

図20
フレッド・サンガーの考案した方法によるDNAコードの読み取り。この方法では、相補的DNAの正常な形成が妨げられ、新しい鎖は元々のDNA配列における異なった種類の塩基のところまでしか伸びていかない。〔たとえば、本来Aが来るはずの箇所で合成が中止される。T・G・Cに対しても同様な操作が行われる。元々の配列上にAが、2・3・49番目にあったとしたら、Aで止める操作をした結果、長さが2・3・49の鎖が得られる。〕それらに、ゲルを用いて電圧をかけると〔サイズによって移動距離が異なるので〕　鎖をサイズごとに分けることができる。サイズごとに順番に並んだ帯を図のように配置すれば、全配列を求めることができる。

図21
遺伝子マイクロアレイ。蛍光は、マウスのいろいろな組織における遺伝子の活動度合いを示している。

図22
DNA分析を基に推定したアフリカから移動したヒトの経路と方向

参考文献

遺伝の歴史および遺伝学全般

Good general accounts of the history of heredity and genetics include: Ernest Mayr, *The growth of biological thought: diversity, evolution, and inheritance* (Belknap Press, 1982); Nicholas Russell, *Like engend'ring like: heredity and animal breeding in early modern England* (Cambridge University Press, 1986); Peter J. Bowler, *The Mendelian revolution: the emergence of hereditarian concepts in modern science and society* (Johns Hopkins University Press, 1989); and John Farley, *Gametes and spores: ideas about sexual reproduction, 1750-1914* (Johns Hopkins University Press, 1982).

第 1 章　魂・種・男尊女卑　紀元前 2500 ～西暦 400 年

For ancient thinking about sex and heredity see Marten Stol, *Birth in Babylonia and the Bible* (Brill Academic Publishers, 2000); Conway Zirkle, 'The early history of the idea of the inheritance of acquired characters and of pangenesis', *Transactions of the American philosophical society,* 35/2 (1946), pp. 91-151; D. M. Balme, 'Human is generated by human', in Gordon Dunstan (ed.), *The human embryo: Aristotle and the Arabic and European traditions* (University of Exeter Press, 1990); and Thomas Laqueur, *Making sex: body and gender from the Greeks to Freud* (Harvard University Press, 1992). For detailed analyses of Graeco-Roman ideas about gender, class, and ethnicity see: Benjamin Isaac, *The invention of racism in Classical Antiquity* (Princeton University Press, 2004), Greg Woolf, 'Beyond Romans and natives', World archaeology, Vol. 23/3 (1997), pp. 339-50, Josiah Ober, *Mass and elite in democratic Athens: rhetoric, ideology, and the power of the people* (Princeton University Press, 1990), and P. A. L. Greenhalgh, 'Aristocracy and its advocates in Archaic Greece', Greece and Rome,19 (1972), pp. 190-207.

第2章　中世の性・種・罪

Good accounts of medieval theories about inheritance are: Helen Rodnite Lemay (ed.), *Women's secrets: a translation of Pseudo-Albertus Magnus's De secretis mulierum* (SUNY Press, 1992); Luke E. Demaitre, *Leprosy in premodern medicine: a malady of the whole body* (Johns Hopkins University Press, 2007); and Päivi Pahta, *Medieval embryology in the vernacular: the case of De spermate* (Société néophilologique, 1998). For the application of the concept of heredity to questions of gender, class, and ethnicity see: Joan Cadden, *The meanings of sex di.erence in the Middle Ages: medicine, science, and culture* (Cambridge University Press, 1995); David Crouch, *The birth of nobility: constructing aristocracy in England and France 900–1300* (Pearson Education, 2001); Jonathan Spence, *The Chan's great continent: China in western minds* (W. W. Norton, 1998); Robert Bartlett, *The making of Europe: conquest, colonization, and cultural change, 950–1350* (Princeton University Press, 1993); Miriam Eliav-Feldon, Benjamin Isaac, and Joseh Zielger (eds), *The origins of racism in the west* (Cambridge University Press, 2013).

第3章　近代初期（1450 ~ 1700 年）における遺伝

For theories about heredity Justin E. H. Smith (ed.), *The problem of animal generation in early modern philosophy* (Cambridge University Press, 2006) and Sta§an Müller-Wille and Hans-Jörg Rheinberger (eds), *Heredity produced: at the crossroads of biology, politics, and culture, 1500–1870* (The MIT Press, 2007). For the application of ideas of heredity see: Jorge Esguerra, 'New World, new stars: patriotic astrology and the invention of Indian and Creole bodies in Colonial Spanish America, 1600–1650', American historical review, 104/1 (1999), pp. 133–68; Winthrop D. Jordan, *White over black: American attitudes toward the Negro, 1550–1812* (University of North Carolina Press, 1968); and Alden T. Vaughan, 'From White Man to Redskin: changing Anglo-American perceptions of the American Indian', *The American historical review,* 87/4 (Oct. 1982), pp. 917–53.

第４章　啓蒙時代の遺伝

Detailed accounts of Enlightenment theories of heredity include Jacques Roger, *The life sciences in eighteenth-century French thought,* ed. Keith R. Benson and trans. Robert Ellrich (Stanford University Press, 1997); Raymond Stephenson and Darren Wagner, *The secrets of generation: reproduction in the long eighteenth century* (University of Toronto Press, 2015); and Clara Pinto Correia, *The ovary of Eve: egg and sperm and preformation* (University of Chicago Press, 1998). For the use of concepts of heredity to talk about gender, social class, and race see: Londa L. Schiebinger, *Nature's body: gender in the making of modern science* (Rutgers University Press, 2004); William Doyle, *Aristocracy and its enemies in the age of revolution* (Oxford University Press, 2009); and Ira Berlin, Many thousands gone: *the first two centuries of slavery in North America* (Belknap Press of Harvard University Press, 1998).

第５章　メランコリア小史

For Victorian debates about heredity see: Peter J. Bowler, *Evolution: the history of an idea* (University of California Press, 2009); Janet Browne, Charles Darwin: a biography, vol. 1 & 2 (Princeton University Press, 1996 & 2003); George W. Stocking, Jr, *Victorian anthropology* (Free Press, 1991); and Warwick Anderson, 'Climates of opinion: acclimatization in nineteenth-century France and England', *Victorian studies,* 35/2 (1992), pp. 135–57. For the role of hereditarian concepts in discussions of gender, class, and race: Caroll Smith-Rosenberg and Charles Rosenberg, 'The female animal: medical and biological views of woman and her role in nineteenth-century America', *The journal of American history,* 60/2 (1973), pp. 332–56; Stephen Jay Gould, T*he mismeasure of man* (W. W. Norton, 1996); Robin Blackburn, *The American crucible: slavery, emancipation and human rights* (Verso, 2013); Ronald Takaki, *A different mirror: a history of multicultural America* (Back Bay Books, 2008).

第 6 章　分子と人間

For the history of genetic research see: Garland Allen, *Life science in the twentieth century* (John Wiley & Sons, 1975); Horace Judson, *The eighth day of creation: makers of the revolution in biology* (Cold SpringHarbor Laboratory Press, 1996); Matthew Cobb, *Life's greatest secret: the race to crack the genetic code* (Basic Books, 2015). For the history of eugenics and scientific racism: Daniel Kevles, *In the name of eugenics: genetics and the uses of human heredity* (Harvard University Press, 1995); Mark B. Adams, *The wellborn science: eugenics in Germany, France, Brazil, and Russia* (Oxford University Press, 1990); Alexandra Minna Stern, *Eugenic nation: faults and frontiers of better breeding in modern America* (University of California Press, 2015); and Elazar Barkan, *The retreat of scientific racism: changing concepts of race in Britain and the United States between the World Wars* (Cambridge University Press, 1993). For modern ideas of pedigree and class: Arthur Marwick, *Class: image and reality in Britain, France and the USA since 1930* (Macmillan, 1990) and Nicholas Lemann, *The big test: the secret history of the American meritocracy* (Farrar, Straus and Giroux, 2000). For ideas about gender see the essays contained in Janet A. Kourany (ed.), *The gender of science* (Pearson, 2001) and Carl N. Degler, I*n search of human nature: the decline and revival of Darwinism in American social thought* (Oxford University Press, 1992).

第 7 章　新たな地平

For good overviews of recent developments in genetics and their practical and ethical dimensions see: Siddhartha Mukherjee, *The gene: an intimate history* (Scribner, 2016); Francis S. Collins, *The language of life: DNA and the revolution in personalized medicine* (Harper Perennial, 2011); Nicolas Rasmussen, *Gene jockeys: life science and the rise of biotech enterprise* (Johns Hopkins University Press, 2014); Chris Stringer, *Lone survivors: how we came to be the only humans on Earth* (St Martin's Gri¯n, 2013); John Harris, *Enhancing evolution: the ethical case for making better people* (Princeton University Press, 2010); Keith Wailoo, Alondra Nelson, and Catherine Lee (eds), *Genetics and the unsettled past: the collision of DNA, race, and history* (Rutgers University Press, 2012); and Brian G. Dias and Kerry J. Ressler, 'Parental olfactory experience influences behavior and neural structure in subsequent generations', Nature neuroscience, 17 (2014), pp. 89-96. For studies on human intelligence and genetic variation see: Claude Steele and Joshua Aronson, 'Stereotype threat and the intellectual test performance of African Americans', *Journal of personality and social psychology,* 69/5 1995), pp. 797-811; N. A. Rosenberg et al., 'Genetic structure of human populations', *Science,* 20/298 (2002), pp. 2381-5; and L. M. Butcher et al., 'Genome-wide quantitative trait locus association scan of general cognitive ability using pooled DNA and 500K single nucleotide polymorphism microarrays', *Genes, brain and behavior,* 7/4 (2008), pp. 435-46. For changes and continuities in attitudes towards race, class, and gender, see: Martin Gilens, *Why Americans hate welfare: race, media, and the politics of antipoverty policy* (University of Chicago Press, 2000); Ramaswami Mahalingam, 'Essentialism, power, and the representation of social categories: a folk sociology perspective', Human development, 50/6 (2007), pp. 300-19; Donald R. Kinder and Lynn M. Sanders, *Divided by Color: Racial Politics and Democratic Ideals* (University of Chicago Press, 1996); Paula England, 'The gender revolution', *Gender & society,* 24/2 (2010), pp. 149-66; Shelley J. Correll (ed.), *Social psychology of gender* (JAI Press Inc., 2007); and Phillip Brown, 'Education, opportunity and the prospects for social mobility', *British journal of sociology of education,* 34 (2013), pp. 678-700.

▮著者

ジョン・ウォラー／John Waller

ミシガン州立大学医学史科学史准教授。科学の発見と社会史における書籍を複数執筆。著書に『Fabulous Science』(Oxford University Press),『The Discovery of the Germ 』(Columbia),『Leaps in The Dark』(Oxford University Press)『A Time to Dance, A Time to Die』(Icon)など。最近では,「人間性の喪失の歴史」について研究。完成を目前に控えている。

▮監訳者

廣野喜幸／ひろの・よしゆき

東京大学大学院総合文化研究科教授。18 ~ 21世紀の生物学・医学史を生命思想・医学思想・環境思想の側面から探求。また,現在の生命操作技術について,あるいは科学技術コミュニケーションについて,科学技術社会論の観点から考察している。著書に『サイエンティフィックリテラシー　科学技術リスクを考える』(丸善出版)などがある。

▮訳者

亀濱 香／かめはま・かおり

文化女子大学卒。ハワイ大学学士課程修了。外資系企業の社内翻訳者,ハワイアンフラの講師や通訳・翻訳者を経て翻訳家となる。訳書『The Wagyu Book(和牛&肉ガイドブック)』(実業之日本社)。

サイエンス超簡潔講座 遺伝

2021年4月15日発行

著者	ジョン・ウォラー
監訳者	廣野喜幸
訳者	亀濱 香
編集,翻訳協力	株式会社 オフィスバンズ
編集	道地恵介,山口奈津
表紙デザイン	岩本陽一
発行者	高森康雄
発行所	株式会社 ニュートンプレス 〒112-0012 東京都文京区大塚 3-11-6 https://www.newtonpress.co.jp

ISBN 978-4-315-52356-0

カバー ,表紙画像：© iaremenko